Dieses Buch ist auf Recyclingpapier gedruckt.

Die Buchproduktion zerstört Wälder. Im Vergleich zu Recyclingpapier verbraucht Frischfaserpapier etwa siebenmal mehr Holz. Recyclingpapier spart also 86 Prozent Holz ein. Fordert bitte auch andere Verlage auf, Recyclingpapier zu nutzen. Es gibt keinen Grund, es nicht zu tun.

ANN-SOPHIE HENNE · ROBIN JÜNGLING
ANNIKA LE LARGE

MIESE KRISE

ALLES, WAS DU ÜBER DEN KLIMAWANDEL WISSEN MUSST

KATAPULT

nachhaltig.
kritisch

Erste Auflage 2024
KATAPULT-Verlag Greifswald

www.katapult-verlag.de
verlag@katapult-verlag.de

Redaktion: Ann-Sophie Henne, Robin Jüngling
Illustrationen: Annika Le Large
An diesem Buch haben mitgewirkt: Kristin Gora, Felix Lange, Lukas Laureck, Iris Ott, Sebastian Wolter

Gesetzt aus: Libre Franklin, Nachhaltigkritisch Capital
Druck und Bindung: Print Best, Estland
Papier: Lessebo Balder Recyclingpapier

ISBN 978-3-948923-80-8

KATAPULT

ClimateCalc™
Der CO2-Ausstoß dieses Druckproduktes wurde mit ClimateCalc berechnet und kompensiert: South Pole
www.climatecalc.eu CC-000113/EE

DEN MENSCHEN GEWIDMET,
DIE DIESES BUCH ERMÖGLICHT HABEN:
DER NACHHALTIG.KRITISCH-COMMUNITY
AUF INSTAGRAM.

DANKE, DASS IHR SO CLEVER,
LIEB UND KRITISCH SEID.

INHALT

GRUß

»DER MENSCH, DAS AMBIVALENTE WESEN«

von Frank Böttcher, Vorsitzender
Deutsche Meteorologische Gesellschaft

Die Spannung ist zum Greifen nah. Gebannt sitzen wir auf dem Sofa und wollen uns auf keinen Fall stören lassen. Nicht jetzt. Nicht hier. Und nicht so lange, bis in der 4K hochaufgelösten Szene vor uns die Entscheidung gefallen ist, ob die Heldin des Films es wirklich schaffen wird, die Welt zu retten. Im letzten Moment gelingt es ihr, dem Bösen auszuweichen. Es rutscht, es stürzt, es fällt in die Tiefe, in den Abgrund, den das Böse selbst zuvor erschaffen hatte. Wir atmen auf, wir können wieder realisieren, dass wir nur auf dem Sofa sitzen, dass nicht wir es eben waren, die die Welt gerettet haben, aber fast. Nur für einen Moment waren wir die Helden.

Und jetzt. Alltag. Der genauso weiter geht, ohne dass wir die Welt retten und ohne, dass wir jemanden sehen, der die Welt für uns rettet. Da ist sie wieder, die Ambivalenz des Menschen. Man müsste doch eigentlich etwas tun. Doch was? Am besten etwas, das große Wirkung erzeugt und für einen persönlich auch machbar erscheint. Der globalen Erwärmung sollte man alles entgegensetzen. Doch so im Alltag, neben all den anderen Dingen? Gar nicht so einfach. Im Film sah das leichter aus. Hast Du schon mal einen Helden im Film gesehen, der auf dem Klo sitzt oder den Müll rausbringt? Eine Heldin, die unverständliche Behördenformulare ausfüllen muss und bei der das Geld am Ende des Monats nicht reicht? Natürlich nicht. Wir ahnen, dass dieser ganze Alltagskram uns auch selbst daran hindert, zu Heldinnen und Helden beim Klimaschutz zu werden. Es ist so leicht und ehrlich gesagt ja auch viel bequemer, wenn wir uns dem Klimaproblem so gut es geht entziehen. Das löst nur das Problem nicht. Dann macht man halt irgendetwas, weil ja jede und jeder etwas tun kann und soll. Aber so richtig befriedigend ist das dann auch nicht. Wir versuchen an der Kasse Produkte zu kaufen, die möglichst bio, fairtrade oder vegan sind. Wo ist eigentlich das Regal mit klimaneutralen Produkten? Nicht zu finden. Und der Preis? Warum muss ich eigentlich mehr bezahlen, wenn ich mich entscheide, etwas Besseres für die Gemeinschaft zu leisten? Also doch das Sonderangebot. Zu allem Überfluss kriecht ein schlechtes Gewissen in uns hinein, da es nie genug ist, was man auch macht. Und hier bekommt die Geschichte eine dramatische Wendung:

Wir brauchen kein schlechtes Gewissen zu haben und wir sollten aufhören, wahllos irgendetwas zu tun. Wir sollten etwas Gemeinsames tun, etwas, das uns erlaubt, in einer freien Welt so zu leben, dass wir den Planeten und seine Ressourcen auch für die nächsten Generationen erhalten. Um vom Irgendetwas-tun zum Gemeinsam-etwas-tun zu kommen, braucht es eine gemeinsame Vision. Und die kommt jetzt. Wir lösen das Klimaproblem, unser Ressourcenproblem und unser schlechtes Gewissen, wenn Produkte, die unsere Lebensgrundlagen erhalten, günstiger sind als Produkte, die diese Grundlagen gefährden oder gar zerstören. Produkte meint dabei im Übrigen nicht nur Konsumgüter, sondern auch unsere Energie und Nahrungsmittel. In dem Moment, wo diese Veränderung eintritt und unser Handeln bestimmt, werden wir aus uns heraus in fast jeder Entscheidung des Alltags zu

Heldinnen und Helden. Und das ohne einen Verlust der Lebensqualität. Wie erreichen wir das?

Für die Umsetzung brauchen wir Politikerinnen und Politiker, die die Rahmenbedingungen der Märkte so gestalten, dass wir durch unser alltägliches Verhalten die Existenzgrundlage schützen. Unsere gemeinsame Aufgabe ist die Motivation der Politikerinnen und Politiker, genau das zu tun. Darauf sollten wir uns konzentrieren, denn es ist die Aufgabe der Politik, die Parameter so zu gestalten, dass wir durch unser Handeln die Grundlagen erhalten.

Ann-Sophie und Robin geben mit ihrem Buch einen weiteren wichtigen Impuls dafür, uns nicht der Illusion hinzugeben, dass durch Abwarten Helden entstehen, die das Klimaproblem für uns lösen werden. Das müssen wir schon selbst tun und es gelingt uns, wenn wir das Sofa verlassen und die Politik motivieren, die Leitplanken für unser Handeln zu verändern. Und das großartige Ergebnis dieser lohnenswerten Zukunft gibt es für uns alle dann sogar in 4D zu erleben.

VORWORT

Wenn sich Menschen aus den unterschiedlichsten sozialen und politischen Spektren ausführlich mit den Bereichen Energie, Mobilität, Wohnen und Ernährung beschäftigen, dann kommen sie in überwältigender Mehrheit zu dem Schluss, dass sich etwas verändern muss. Sie stimmen sogar für gesellschaftliche, ökologische und wirtschaftliche Maßnahmen, die sehr viel weiter gehen als die Forderungen entsprechender Lokalpolitiker:innen. Das zeigen die ersten Ergebnisse des Bürgerrats Klima in Deutschland und anderen Ländern.[1] [2] [3] Diese Ergebnisse machen uns Hoffnung, weil sie beweisen, dass viele Menschen in Deutschland sehr wohl bereit sind, ihren Standpunkt zu überdenken. Dass sie bereit sind, sich in den politischen Diskurs einzubringen, wenn sie gut über das Thema informiert sind. Und dass sie in der Lage sind, diffuse Zukunftssorgen nicht zu verdrängen, sondern sie mit eindeutig belegbaren Fakten in Verbindung zu bringen.

Mit diesem Buch wollen wir genau diesen Bürgerrat-Klima-Effekt erzeugen. Wer es in die Hand bekommt und liest, wird im Anschluss über die Klimakrise und die damit zusammenhängenden Krisen Bescheid wissen und in der Lage sein, sich darauf basierend eine eigene Meinung zu bilden.

Wir beschreiben in diesen 49 Kapiteln keine radikal neuen Erkenntnisse. Das Wissen ist bereits da draußen, in Studien, anderen Büchern, Podcasts, Medienberichten und auf X, ehemals Twitter. Der einzige Unterschied in diesem Buch ist, dass wir hier Tonnen an Material so kurz wie nur irgendwie möglich zusammenfassen. So, dass man ein Kapitel locker während einer zehnminütigen Bahnfahrt oder zwischen dem ersten und zweiten Kaffee lesen kann. Das Buch eignet sich als Übersicht, zum

Reinlesen oder als Anreiz, tiefer in manche der Themen einzutauchen – denn aufgrund ihrer Kürze können die einzelnen Kapitel natürlich keinen Anspruch auf Vollständigkeit erheben.

Was qualifiziert uns dazu, ein solches Buch zu schreiben? Wir beschäftigen uns seit 2019 intensiv mit den ökologischen, sozialen, politischen und wirtschaftlichen Dimensionen der Klimakrise. Dabei sind wir mit unserem journalistischen Projekt *nachhaltig. kritisch*, das wir im Rahmen unseres Masterstudiums *Multimedia und Autorschaft* an der Martin-Luther-Universität Halle-Wittenberg gestartet haben, größtenteils auf Instagram, aber auch auf einem Blog und allen möglichen Podcast-Plattformen unterwegs.

Für dieses Werk haben wir das Internet ausnahmsweise mal verlassen. Warum? Wir glauben, dass jedes weitere Buch, das über die Klimakrise informiert, eine wichtige Chance sein kann. Noch immer sind diese Fakten und ihre Verbindungen zueinander nicht bei allen Menschen angekommen. Eine informierte kritische Masse ist aber das stärkste demokratische Mittel, das wir haben, um einen gesellschaftlichen Wandel einzuleiten. Die Zeit für diesen Wandel ist jetzt.

Wir wünschen euch viele neue Erkenntnisse, aber auch Durchhaltevermögen und Kraft für die Realität beim Lesen. Danke, dass ihr euch zu diesem Thema informiert. Danke, dass ihr damit einen Unterschied macht.

ANN-SOPHIE HENNE,
ROBIN JÜNGLING
UND ANNIKA LE LARGE
im Januar 2024

HEUTE

»Viele können sich nicht mehr daran erinnern, ***wie die Welt mal aussah****. Ich weiß noch, wie halt wirklich* ***alles voller Vogelstimmen*** *war und* ***voller Schmetterlinge, Motten und so****. Das sieht man* ***heute natürlich ganz selten****.«*

MARK BENECKE

Kriminalbiologe

WIR, HEUTE

Das Leben in Deutschland verändert sich. Wer dreißig, vierzig oder fünfzig Jahre auf diese Welt zurückblicken kann, wird das aus eigener Erfahrung bestätigen. Es gibt weniger Vögel als früher[4], weniger Frösche[5] und Bienen[6]. Ganze Wälder sterben durch Schädlingsbefall und Trockenheit ab.[7] Die sehr kalten Wintertage werden weniger, die heißen Tage im Sommer nehmen dagegen zu.[8] Starkregen und damit einhergehende Hochwasser mehren sich ebenso wie heftige Stürme und lange Dürreperioden.[9] Diese Erfahrungswerte, die viele von uns haben, lassen sich wissenschaftlich belegen. Und sie lassen sich eindeutig mit der globalen Erhitzung in Verbindung bringen.[10] Beobachtungsdaten zeigen, dass seit dem vergangenen Jahrhundert Extremwetterereignisse zunehmen, Gebirgsgletscher und Schneebedeckungen schmelzen und die Meeresspiegel steigen.[11] Kurz: Es wird heißer. Im Vergleich zum sogenannten *vorindustriellen Niveau* im Zeitraum 1850 bis 1900 ist die globale Mitteltemperatur auf der Erde bereits um etwa ein Grad gestiegen.[12] Im Jahr 2020 lag dieses globale Mittel laut der World Meteorological Organization (WMO) schon bei 1,2 Grad über dem vorindustriellen Niveau.[13] Was so unerheblich klingt wie der Unterschied zwischen iPhone 13 und iPhone 13 Pro, bedeutet schon heute für Millionen von Menschen den Verlust ihrer Lebensgrundlage und Heimat.

Eine globale Erhitzung von 1,2 Grad verursacht massive globale Ernteausfälle, Fluten, Orkane, Hitzewellen und unkontrollierbare Brände.

Es führt zu Wasserknappheit, der Zerstörung von Natur und Ökosystemen und verstärkter sozialer und ökonomischer Ungleichheit.

Während in vielen Ländern Europas Menschen noch für eine lebenswerte Zukunft auf die Straße gehen, sind die verheerenden Folgen der globalen Erhitzung in anderen Regionen der Welt schon längst Gegenwart. Doch extreme Hitzesommer wie 2022 und 2023, die Hochwasserkatastrophe im Ahrtal 2021 und ein nie dagewesenes Baumsterben zeigen, dass der Klimawandel auch hierzulande bereits Realität ist.[14 15 16]

URSACHEN

Der Auslöser des Klimawandels ist dazu fähig, sich mit 28.000 Kilometer pro Stunde ins Weltall zu jagen, Künstliche Intelligenz zu programmieren, Lungen in andere Körper zu transplantieren und zum Spaß aus Flugzeugen zu hüpfen. Richtig: Es ist der *Homo sapiens sapiens*.

Durch das Verbrennen von fossilen Energieträgern, die großflächige Abholzung von Wäldern, Massentierhaltung, Landwirtschaft und massive Rohstoffausbeutung haben die Menschen seit Beginn der Industrialisierung um 1800 Einfluss auf das Klima genommen.[17] Die dabei produzierten Gase – darunter das als CO_2 bekannte Kohlenstoffdioxid – reichern sich zunehmend in der Atmosphäre an und reflektieren einen Teil der

Wärme, die zuvor in den Weltraum entweichen konnte, zurück auf die Erde. Das Ganze erinnert an ein Treibhaus, durch dessen Scheiben die Wärme der Sonne verstärkt wird und sich dort staut. Kohlenstoffdioxid, Methan und Distickstoffoxid werden deshalb auch Treibhausgase genannt.

In Gesprächen über die Ursachen des Klimawandels hört man manchmal das Argument, das Klima habe sich immer schon verändert und der Mensch hätte deshalb keinen oder nur einen minimalen Einfluss darauf.

Tatsächlich hat es auf der Erde immer wieder extreme Klimaänderungen gegeben, lange bevor Menschen existierten. Seit zwei bis drei Millionen Jahren wechseln sich Eiszeiten und sogenannte Warmzeiten ab. Doch immer, wenn sich das Klima in der Erdgeschichte stark verändert hat, gab es dafür einen externen Auslöser.[18] In unserem Fall ist es die hohe Konzentration von Treibhausgasen in der Atmosphäre, die uns aus dem seit über 11.000 Jahren stabilen Klima des Holozän-Zeitalters treibt. Diese stammen nachweislich von uns Menschen und reichern sich mit einer Geschwindigkeit in der Atmosphäre an, die seit 800.000 Jahren beispiellos ist.[19] Die Erde erhitzt sich gerade etwa zehnmal schneller, als die natürliche Erwärmung nach der letzten Eiszeit in das heutige Zeitalter vonstattenging. Pflanzen, Tiere und Menschen können sich in diesem Tempo nicht an die neuen Gegebenheiten anpassen.[20]

BIODIVERSITÄT

In der Geschichte unseres Planeten gab es immer wieder Ereignisse, die zu einem massenhaften Aussterben vieler Arten geführt haben. Das bekannteste ist wohl das Verschwinden der Dinosaurier, als vor 66 Millionen Jahren ein riesiger Asteroid auf die Erde stürzte.[21] Riesige Flutwellen verwüsteten daraufhin die Kontinente, Brände und Rauch verdunkelten den Himmel und brachten eine Eiszeit, die das Ende von 75 Prozent aller lebenden Arten bedeutete.[22] Dieses Ereignis war eines von bisher fünf Massenaussterben der Erdgeschichte. Immer haben klimatische Veränderungen eine entscheidende Rolle gespielt. Im Anschluss an diese groben Einschnitte in die Artenvielfalt entwickelten sich neue Spezies, so auch wir

Menschen. Das braucht aber Zeit: Bis sich neue ökologische Netzwerke verfestigen, vergehen Millionen von Jahren.[23]

Eine hohe biologische Vielfalt ist dabei die Grundvoraussetzung für menschliches Leben. Sie ermöglicht uns zum Beispiel den Zugang zu Nahrung, sauberer Luft und Wasser. Intakte Ökosysteme regulieren außerdem das Klima, indem sie Kohlendioxid aus der Atmosphäre entfernen und speichern.[24] Es reicht deshalb nicht, einfach nur weniger Treibhausgase zu emittieren und irgendwann CO_2-neutral zu werden. Wir müssen gleichzeitig auch die Biodiversität bewahren.

Die Geschwindigkeit, in der die Arten derzeit von unserem Planeten verschwinden, ist ein Indikator dafür, dass wir uns im sechsten Massensterben der Erdgeschichte befinden. Die Rolle, die in der Vergangenheit Supervulkane oder Asteroiden spielten, übernehmen die Menschen jetzt höchstpersönlich. Etwa drei Viertel der Landoberfläche der Erde wurden im letzten Jahrtausend von den Menschen verändert.[25] Durch diese Landnutzungsänderungen, aber auch Umweltverschmutzungen, die Nutzung von Giften in der Landwirtschaft, Jagd und Wilderei und nicht zuletzt die globale Erhitzung hat der Mensch extremen Einfluss auf die Lebensräume und Biodiversitätsnetzwerke genommen. Die Rasanz der Ereignisse macht es vielen Arten unmöglich, Schritt zu halten. Sie haben keine Chance, sich schnell genug an die neuen Umstände anzupassen.[26] Zahlreiche Arten sind bereits an den Rand der Ausrottung (und darüber hinaus) gedrängt worden. Rund eine Millionen Tier- und Pflanzenarten stoßen laut Weltbiodiversitätsrat IPBES derzeit an eine gefährliche Grenze der Ausrottung, viele davon in den nächsten Jahrzehnten. Das ist eine globale Aussterberate, die um ein Vielfaches höher ist als der Durchschnitt der letzten 10 Millionen Jahre.[27]

Weil viele Netzwerke in der Natur aufeinander abgestimmt sind, kann der Wegfall bestimmter Arten unsere Ökosysteme nachhaltig stören und letztendlich zum Kollaps führen. Ein vereinfachtes Beispiel: Wenn Insekten wegsterben, betrifft das zum einen die Böden, die von Insekten fruchtbar gehalten werden, und zum anderen die Tiere, die sich von Insekten ernähren. Außerdem hätte das Insektensterben fatale Auswirkungen für uns Menschen, weil unsere gesamte Lebensmittelproduktion von tierischen Bestäubern aufrechterhalten wird.[28] Die Gefahren des Artensterbens auf die Menschen stehen denen der Klimakrise in nichts nach. Das Zentrum für Resilienz in Stockholm hat die Biodiversitätskrise sogar als noch größere Herausforderung für die Menschheit gewertet.[29] Tatsächlich wären wir ohne intakte Ökosysteme ziemlich aufgeschmissen: Sie sind die Grundlage für unsere Trinkwasserversorgung, Ernährungssicherheit und die Herstellung von Medikamenten.

MENSCH

Die Weltgesundheitsorganisation WHO bezeichnet den Klimawandel als eine der größten Gesundheitsbedrohungen für die Menschheit.[30] Einige der Auswirkungen auf unser Wohlbefinden sind ganz offensichtlich und unmittelbar. Wenn die Wahrscheinlichkeit und Intensität von Extremwetterereignissen steigt, bedrohen die damit einhergehenden Stürme, Erdrutsche, Lawinen oder Hochwasser ganz direkt Menschenleben. Dasselbe gilt für vermehrt auftretende Hitzeereignisse. Die Anzahl heißer Tage in Deutschland hat sich seit dem Jahr 1950 verdreifacht.[31] Die Hitze belastet das Herz-Kreislaufsystem und verschlimmert bestehende Erkrankungen. Für ältere Menschen, Menschen mit Vorerkrankungen und Kinder kann sie tödlich sein.[32] [33] Das bedeutet: Immer wenn es in Deutschland heißer wird, steigt auch die Mortalitätsrate. Alleine in den Jahren 2018 bis 2020 sind mehr als 19.000 Menschen in Deutschland aufgrund von Hitze gestorben. In allen drei Jahren bestand damit eine Übersterblichkeit.[34] Eine in *Nature Medicine* veröffentlichte Studie schätzt, dass im Sommer 2022 insgesamt 62.000 Todesfälle in Europa mit Hitze in Verbindung stehen.[35] Diese Hitze und vermehrt auftretende Wetterextreme erhöhen außerdem das Risiko von Ernteausfällen und damit einhergehend Wasser- oder Nahrungsmittelknappheiten, die die Gesundheit zusätzlich belasten. Nicht sichtbar für uns, aber dennoch schädlich ist die Belastung durch Luftverschmutzung, die durch das Verbrennen fossiler Brennstoffe verstärkt wird. Die Umweltagentur der EU (EEA) schätzt, dass 2020 allein in Europa rund 240.000 vorzeitige Todesfälle auf eine hohe Feinstaubbelastung zurückzuführen seien.[36] Ein weiterer Faktor, der durch die Luft schwebt und vielen Allergiker:innen den Frühling versaut: Pollen. Der Klimawandel kann die Pollenflugzeit verlängern und stellt damit für Menschen mit Allergien eine zusätzliche Belastung dar.[37] Die wärmeren Durchschnittstemperaturen begünstigen außerdem das Heimischwerden von Insekten, von denen der Mensch nur ungern gebissen und gestochen wird. Die Übertragung von Tropenkrankheiten wie Dengue-Fieber wird auch in unseren Breitengraden häufiger werden. Neben dieser direkten physischen Bedrohung wirken sich die Folgen auch auf die psychische Gesundheit aus. Verschmutzte Luft, extreme Wetterbedingungen und Zukunftsängste können Stress, Depressionen oder Angstzustände verursachen.[38] Auch Extremsituationen wie die erzwungene Flucht und Migration, der mühsame Wiederaufbau von Wohnraum und Infrastruktur oder Nahrungsunsicherheiten stellen eine hohe Belastung für die psychische Gesundheit dar.[39] Durch die globale Erhitzung einerseits und die Zerstörung durch den Menschen andererseits verlieren unzählige Säugetierarten ihre Lebensräume. Das führt dazu, dass neue Kontaktpunkte zwischen verschiedenen Arten sowie Menschen und Tieren entstehen. Dadurch steigt die Wahrscheinlichkeit, Viren wie das Coronavirus SARS-CoV-2 zu übertragen.[40] Letztlich verstärkt die Klimakrise schon bestehende Ungleichheiten und belastet Menschen in Armut, Frauen und sozial ausgegrenzte Gruppen körperlich und mental deutlich häufiger (siehe Kapitel *Gerechtigkeit*).

BODEN

Wenn wir über den Klimawandel sprechen, denken wir häufig an Treibhausgase in der Atmosphäre. Doch wir sollten den Kopf nicht immer in den Wolken haben. Denn die globale Erhitzung hat auch auf den Boden, auf dem wir stehen und gehen und den wir Menschen intensiv nutzen, erhebliche Auswirkungen.

Böden sind vielseitig und übernehmen wichtige Funktionen in unserem Ökosystem. Wer einmal in einem Garten ein Loch ausgehoben oder ein Beet umgegraben hat, weiß, unter unseren Füßen tummelt sich jede Menge Leben. Laut der Welternährungsorganisation der UN (FAO) enthält ein Teelöffel Erde mehr lebende Organismen, als es Menschen auf der Welt gibt.[41] Böden dienen dabei nicht nur als Lebensraum, sondern halten auch unser Grundwasser sauber und können große Mengen an Wasser speichern. Für unser Klima spielen sie ebenfalls eine entscheidende Rolle. »Wenn wir keine Bodenentwicklung hätten, dann hätten wir ein Klima, das dem auf der Venus ähnelt«, sagt Georg Guggenberger, der das Institut für Bodenkunde an der Leibniz Universität Hannover leitet.

Denn Böden binden Kohlenstoff, genauer gesagt enthalten sie aktuell sogar mehr Kohlenstoff als alle Pflanzen und die Atmosphäre zusammen. Das macht sie zum wichtigsten Kohlenstoffspeicher überhaupt.[42] Diese Tatsache sei auch in der Politik mittlerweile angekommen, so Guggenberger. Die Frage, die dabei alle umtreibt: Können unsere Böden nicht einfach noch mehr Kohlenstoff binden und dadurch andere CO_2-Emissionen kompensieren? »Wenn wir 2045 klimaneutral sein wollen, dann geht das nur mit dem Boden als Kohlenstoffsenke«, sagt Guggenberger dazu. Selbst wenn man die Renaturierung von Mooren einberechnet, hält er das Ziel jedoch für nur bedingt realistisch. »Wir können bei fortschreitendem Klimawandel froh sein, wenn wir den jetzigen Kohlenstoffgehalt im Boden halten. Selbst das wird schwierig.« Das hat vor allem zwei Gründe. Erstens greift der Mensch durch Flächenverbrauch, intensive Landwirtschaft und Versiegelung aktiv in das Ökosystem ein. Um zum Beispiel neue Flächen für Autobahnen und Siedlungen zu erschließen, werden humusreiche Schichten abgetragen. Damit verlieren die Böden immens an Qualität und Speicherkapazität. Alleine in Deutschland werden jeden Tag 55 Hektar Land für Siedlungs- und Verkehrsflächen ausgewiesen.[43] Besonders kritisch ist dabei der Verlust von Mooren. Weltweit bedecken die Feuchtgebiete zwar nur etwa 3 Prozent der weltweiten Landfläche, binden aber doppelt so viel Kohlenstoff wie die Biomasse aller Wälder der Erde zusammen. Weltweit gehen jedes Jahr 500.000 Hektar Moorfläche verloren, ein Großteil für landwirtschaftliche Flächen.[44]

Zweitens belastet der fortschreitende Klimawandel das Ökosystem Boden zusätzlich, weil sich durch die Trockenheit weniger Biomasse bildet und bei heißeren Temperaturen Treibhausgase schneller wieder in die Atmosphäre freigesetzt werden.[45] Bodenkundler wie Georg Guggenberger sind sich der ausweglosen Situation bewusst: »Unsere Versuche mit einem humusaufbauendem Bodenmanagement werden schlichtweg durch den Klimawandel selbst wieder zunichte gemacht.« Eine besonders große Bedeutung haben die Permafrostböden im Norden unseres Planeten. Diese sind (noch) ganzjährig gefroren und speichern etwa tausend Milliarden Tonnen Kohlenstoff. Ein globaler Temperaturanstieg von 1,5 Grad macht deren Abtauen wahrscheinlich, wodurch Unmengen an Kohlenstoffdioxid und das besonders klimaschädliche Treibhausgas Methan in die Atmosphäre entweichen. Allein der Kollaps dieser Permafrostböden würde wohl zu einer weiteren globalen Erhitzung von 0,2 bis 0,4 Grad führen.[46]

Der riesige Einfluss von Böden auf unser Klima wird in weiten Teilen der Bevölkerung noch unterschätzt. Doch Böden allein können das Klima nicht retten, wenn es immer heißer wird. Das zunehmende Interesse der Politik für den Boden als mögliche Kohlenstoffsenke sei laut Guggenberger deshalb zwar erfreulich, letztlich aber nur ein Feigenblatt. Denn um nachhaltigen Bodenschutz zu ermöglichen, sei es unumgänglich, die Emissionen von Treibhausgasen soweit wie möglich zu stoppen.

WASSER

Ein Atom Sauerstoff + zwei Atome Wasserstoff = H_2O. Selbst Chemie-Hasser können sich vielleicht an diese einfache Formel erinnern, die lebensnotwendig für alle Prozesse ist, die auf der Erde stattfinden. Unser blauer Planet hat seinen Namen eben nicht von ungefähr: 70 Prozent der Erde sind von Wasser bedeckt. Der mit Abstand größte Teil davon, mehr als 97 Prozent, ist Salzwasser.

Unsere Ozeane sind nicht nur extrem vorteilhaft für romantische Sonnenuntergänge, sie sind auch ein wichtiger Klimaregulator. Seit der Industrialisierung nehmen sie konstant rund 30 Prozent des (zusätzlichen) menschengemachten Kohlendioxids aus der Atmosphäre auf. Die gute Nachricht:

Je mehr CO_2 die Menschen ausgestoßen haben, desto mehr haben die Meere proportional aufgenommen und gespeichert.[47] Die schlechte Nachricht: Es gibt Grenzen dieser Aufnahmefähigkeit. Denn durch den hohen CO_2-Gehalt sinkt der pH-Wert – das Meer wird saurer. »Je stärker der Ozean versauert, desto weniger zusätzliches Kohlendioxid kann er aufnehmen. Seine Funktion als ›CO_2-Senke‹, die den Klimawandel abmildert, wird mit hoher Wahrscheinlichkeit nachlassen«, heißt es in einem Bericht des Forschungsverbunds BIOACID.[48] Schon geben Gebiete des Mittelmeers mehr CO_2 ab, als sie aufnehmen.[49] Ein Grund dafür: Die Ozeane werden immer wärmer, darin gespeichertes Kohlendioxid entweicht. Der Prozess lässt sich vereinfacht mit einer Sprudelflasche vergleichen, die in einem warmen Raum steht. Das Getränk kann in diesem Zustand weniger Kohlensäure halten als gekühlt und lässt mehr davon entweichen.

Noch nie war die Temperatur in den Ozeanen höher als im Jahr 2023.[50] Damit wurden die bisherigen Höchstwerte aus 2021 und 2022 ziemlich schnell abgelöst.[51] Das zieht auch die maritime Biodiversität in Mitleidenschaft. Durch den Temperaturanstieg, aber auch durch Überfischung und zig Millionen Tonnen (Plastik-)Müll sind viele Arten bedroht. Zudem sterben die Korallenriffe ab; bis Mitte des Jahrhunderts könnten sie vollständig verschwunden sein. Auch das birgt starke Risiken für die Biodiversität der Meere und alle Menschen, die von der Fischerei leben.[52] Die Erhitzung der Ozeane beeinflusst nicht nur die Gebiete, die von Wasser bedeckt sind, sondern wirkt sich auch auf das Wetter und Klima des gesamten Planeten aus. Denn durch die höhere Verdunstung und die feuchtere Luft bilden sich mehr Wolken, was zu heftigeren Regenfällen und Stürmen führt – darunter auch Hurrikans und Taifune mit großer Zerstörungskraft.[53] Seit einigen Jahrzehnten nehmen diese klimabedingten Naturkatastrophen signifikant zu. Laut einer Studie wären die globalen Hitzewellen der letzten Jahre im Süden Europas sonst nicht möglich gewesen.[54] Diese Wetterextreme können lebensgefährlich werden und erschweren uns zusätzlich den Zugang zu unserer wichtigsten Ressource: Süßwasser. Wasser, das wir für die Industrie und die Landwirtschaft brauchen, und dann müssen wir es ja auch trinken, wollen saubere Klamotten tragen und unsere Fäkalien im Klo runterspülen.

Extreme Hitzetage, Starkregen oder Stürme sorgen entweder dafür, dass viel zu viel Wasser vorhanden ist oder dass es knapp wird. Die Intensität von Dürren und Hitzeperioden wird auch in Zukunft weiter zunehmen und sich damit auf den globalen Wasserhaushalt und den Zustand von Ökosystemen auswirken.

Verringerte Pegelstände von Flüssen und das Absinken des Grundwasserpegels werden wohl auch in Deutschland zu regionaler Wasserknappheit führen.[55] »Unsere Satellitendaten zeigen, dass die Wasserspeicherung in Deutschland im Boden, im Grundwasser und in Oberflächengewässern über die letzten 20 Jahre insgesamt abgenommen hat«, sagt der Hydrologe Andreas Güntner vom Deutschen GeoForschungsZentrum des Helmholtz-Zentrums Potsdam. Er bezieht sich dabei auf die Studie *Veränderungen der Wasserspeicherung in Deutschland seit 2002 aus Beobachtungen der Satellitengravimetrie*, an der er als Hauptautor mitgewirkt hat.[56] Die Menge des Wasserverlustes entspreche dabei etwa einem Drittel des Volumens des Bodensees, oder durchschnittlich 760 Millionen Tonnen pro Jahr.

Einer Correctiv-Recherche zufolge sind die Grundwasserentwicklungen insbesondere in niederschlagsarmen Regionen wie Nordrhein-Westfalen, Thüringen, Niedersachsen und Schleswig-Holstein schon heute besorgniserregend.[57] Wenn es dann nach langen trockenen Perioden endlich regnet, kann der Boden das Wasser kaum aufnehmen. Anstatt in den Boden einzusickern und das Grundwasser aufzufüllen, fließt das Wasser ab, was das Risiko für Hochwasser und Sturzfluten erhöht (siehe auch Kapitel *Boden*).[58] [59] Global spitzt sich das Ganze um ein Vielfaches zu. Die UN warnt vor einer weltweiten Wasserkrise. Mehr als fünf Milliarden Menschen könnten demnach bis 2050 zu wenig Trinkwasser haben, wenn die Krise nicht angegangen werde.[60]

LUFT

Obwohl die Schadstoffwerte in ganz Europa über den EU-Normen liegen und viele Menschen nach wie vor einer viel zu hohen Luftverschmutzung ausgesetzt sind, ist die Luft über Europa in den letzten Jahrzehnten sauberer geworden.[61]

Dabei lässt sich eine paradoxe Entwicklung beobachten: Dort, wo die Luftschadstoffe besonders schnell abnehmen, kann unter Umständen eine schnellere Erwärmung stattfinden.

Wie kann das sein? Finger im Spiel haben, wie so oft in den letzten Jahren, die Aerosole. Die sollten den meisten bekannt sein, nachdem wir uns in den letzten Jahren gezwungenermaßen einem Crashkurs in Virologie unterzogen haben. Einige dieser Aerosole können unseren Planeten kurzfristig abkühlen, indem sie Sonnenstrahlung abprallen lassen und sie ins All zurückreflektieren.[62] Wenn weniger Aerosolteilchen wie Ruß und Schwefeldioxid freigesetzt werden, kommt mehr Sonnenstrahlung auf der Erde an. Ergo: Es wird wärmer.

Heißt das im Umkehrschluss, dass wir für den Klimaschutz einfach gezielt Luftschadstoffe in die Atmosphäre jagen sollten? Immerhin hätten wir ohne deren kühlende Wirkung die 1,5-Grad-Grenze wohl schon längst erreicht.[63] Schade, aber leider ist gezielte Luftverschmutzung keine Lösung.

»Der Klimaerwärmung mit einer Erhöhung der Luftverschmutzung und der dazugehörigen Aerosole entgegenzuwirken, würde heißen, den Teufel mit dem Beelzebub auszutreiben. Jährlich sterben weltweit mehrere Millionen Menschen aufgrund der Luftverschmutzung vorzeitig«, merkt Martin Wild vom Institut für Atmosphäre und Klima an der ETH Zürich an.

In europäischen Städten sind 90 Prozent der Bewohner:innen einer Schadstoffkonzentration ausgesetzt, die über gesundheitsgefährdenden Grenzwerten liegt.[64] Die WHO schätzt, dass Luftverschmutzung, zum Beispiel durch Feinstaub, alleine im Jahr 2019 weltweit zu 4,2 Millionen vorzeitigen Todesfällen geführt hat. Die meisten davon in Ländern mit niedrigem und mittlerem Einkommen.[65] Die Luftverschmutzung ist dabei nicht nur eine Begleiterscheinung der Klimakrise, sie wird auch zusätzlich unter deren Folgen verstärkt. Denn durch den Klimawandel nehmen auch Waldbrände zu, die wiederum zu einer höheren Luftverschmutzung führen.[66] Hitzewellen sorgen zusätzlich für eine erhöhte Ozonbelastung in Bodennähe, was nicht nur extrem gesundheitsschädlich ist, sondern auch zu Ernteverlusten führen kann.[67] »Nur die gleichzeitige Bekämpfung sowohl der Luftverschmutzung als auch des Anstiegs der

Treibhausgase ermöglichen den nachhaltigen Erhalt einer lebenswerten Erde«, fasst Wild zusammen. Da viele Schadstoffe bei der Verbrennung von Kohle, Öl und Gas entstehen, wäre insbesondere eine umfassender Umbau unseres Energiesystems ein großer Schritt in die richtige Richtung.[68] Mehr dazu im Kapitel *Energie*.

LANDWIRTSCHAFT

Mehr als 16 Millionen Hektar werden in Deutschland landwirtschaftlich genutzt.[69] Das entspricht flächenmäßig dem 65-fachen des Saarlands, 23 Millionen Fußballfeldern – oder, für diejenigen, die sich tatsächlich etwas darunter vorstellen wollen: ungefähr der Hälfte von Deutschland. Im Laufe der Zeit hat sich die Art und Weise, wie diese Flächen bewirtschaftet werden, stark verändert. Der Grund: Es mussten immer mehr Menschen ernährt werden. Insbesondere nach dem Zweiten Weltkrieg gab es ein starkes Bevölkerungswachstum, die Nachfrage nach Lebensmitteln ist enorm gestiegen. Dadurch ist die Notwendigkeit immer effizienterer Produktionsweisen gewachsen. Moderne Maschinen und Ställe, der verstärkte Einsatz von

Pestiziden und Mineraldüngern sowie die selektive Zucht spezifischer Pflanzen- und Tierarten haben den Ertrag deutlich gesteigert. Im Jahr 1900 konnte ein:e Landwirt:in mit den eigens produzierten Nahrungsmitteln rund vier Menschen versorgen. 1950 waren es zehn Personen und im Jahr 2021 schon 139.[70]

Der technische Fortschritt in der Landwirtschaft hat es ermöglicht, mehr Menschen mit weniger Ressourcen zu ernähren. Doch die Intensivierung der Landwirtschaft hinterlässt ihre Spuren. »Die Landnutzung und die Ausdehnung von Flächen, die für die Landwirtschaft genutzt werden, wirken sich oft negativ auf die Biodiversität aus«, merkt die Agrarökonomin Claudia Hunecke an, die am Potsdam-Institut für Klimafolgenforschung forscht. Zusätzlich gebe es Probleme durch den hohen Wasserverbrauch sowie Wasser- und Luftverschmutzung durch Phosphor- und Stickstoffüberschüsse.

Die ökologische Landwirtschaft verursacht einige dieser Probleme nicht. So werden hier keine chemisch-synthetischen Pestizide eingesetzt, die Einfluss auf den Rückgang der Insektenpopulation haben.[71] Eine Studie des Julius Kühn-Institut (JKI) zeigt, dass bei Schutzäckern, die noch nie mit chemischen Pflanzenschutzmitteln bearbeitet wurden, die Vielfalt der blühenden Wildpflanzenarten im Vergleich zu konventionellen Äckern deutlich höher ist.[72] Auch bei Äckern, die seit vielen Jahren ökologisch bewirtschaftet werden, ist der Unterschied zu konventionellen Flächen deutlich. Zudem fördert die ökologische Landwirtschaft das Tierwohl, schützt das Grundwasser und erhöht den Humusgehalt, was wiederum Kohlenstoff aus der Atmosphäre bindet. In Kombination mit neuen Technologien könnte sie auch die landwirtschaftliche Produktivität und die Lebensqualität vieler Landwirt:innen verbessern.[73] Doch es gibt nicht nur Vorteile. So nehmen die Erträge bei ökologischer Bewirtschaftung deutlich ab, die Kosten für Bio-Landwirt:innen steigen dadurch. Um einen ähnlichen Ertrag wie konventionelle Landwirtschaft zu erwirtschaften, müssten sie deutlich größere Flächen erschließen – möglicherweise auf Kosten von Waldflächen und Kohlenstoffsenken.[74] Um dieses Risiko zu umgehen, müssten wir bestehende Flächen anders nutzen, statt neue zu erschließen. Mehr als drei Viertel der landwirtschaftlichen Flächen werden derzeit für die Tierhaltung und deren Futtermittelanbau genutzt. Statt erst in einem Futtertrog zu landen, könnten die Nutzpflanzen uns auch direkt ernähren und damit zusätzliche Flächen schaffen.

Es gibt eine Reihe von weiteren Ansätzen, die dazu beitragen können, die Landwirtschaft nachhaltiger zu gestalten. Ein Beispiel dafür ist die *Agrarökologie*, die darauf abzielt, die landwirtschaftlichen Systeme naturnah zu gestalten und auf die Nutzung natürlicher Ressourcen zu setzen. Beispiele hierfür sind die Kompostierung, bei der organische Abfälle zu wertvollem Dünger umgewandelt werden, Mulchen, um die Bodenfeuchtigkeit zu erhalten und Erosion zu reduzieren, sowie der *Rotationsanbau*, bei dem verschiedene Pflanzenarten abwechselnd auf demselben Feld angebaut werden. All diese Praktiken können dazu beitragen, die Bodengesundheit zu erhalten und die Abhängigkeit von chemischen Düngemitteln und Pestiziden zu verringern.

Der Ansatz der *nachhaltigen Intensivierung* ist es, die Produktivität der landwirtschaftlichen Systeme zu steigern, ohne die Umwelt zu schädigen. Hierbei werden verbesserte Anbaumethoden und biologische Düngemittel eingesetzt, um den Ertrag zu steigern und gleichzeitig den Ressourcenverbrauch zu reduzieren.

Auch die sogenannte *Agroforstwirtschaft* bringt viele Vorteile mit sich. Bäume und andere Pflanzen werden dabei zusammen mit landwirtschaftlichen Nutzpflanzen auf demselben Stück Land angebaut. Dadurch können verschiedene Vorteile erzielt werden, darunter die Verbesserung der Bodenfruchtbarkeit, die Verringerung von Erosion, die Förderung der Biodiversität und die Verbesserung der Wasserqualität. Agroforstwirtschaft trägt zur Schaffung eines vielfältigen und widerstandsfähigen Ökosystems bei, das den Auswirkungen des Klimawandels besser standhalten kann.

Diese Ansätze sind nur einige Beispiele für mögliche Maßnahmen, um die Landwirtschaft nachhaltiger zu gestalten. Angesichts der Herausforderungen ist es jedoch von entscheidender Bedeutung, dass wir geeignete Lösungen entwickeln, um deren Umweltauswirkungen zu minimieren. Die Landwirtschaft in Deutschland war im Jahr 2022 für 55,5 Millionen Tonnen CO_2-Äquivalente* verantwortlich. Insgesamt macht der Sektor damit 7,4 Prozent der Gesamtemissionen aus. Davon setzen sich über 95 Prozent aus Treibhausgasen zusammen, die deutlich klimawirksamer sind als CO_2, aber auch deutlich schneller abgebaut werden.[75] Zum Großteil ist das Methan, das zum Beispiel durch Kuhpupse, also bei der Verdauung von Wiederkäuern ausgestoßen wird. Durch den Einsatz von Stickstoffdüngern entsteht außerdem Lachgas, ein weiteres Treibhausgas, das 300-mal so schädlich ist wie CO_2.[76]

In Europa spielt zudem die Trockenlegung von Mooren eine große Rolle. Moore machen zwar nur 3 Prozent der landwirt-

* Bei CO_2-Äquivalenten handelt es sich um eine Maßeinheit zur Vereinheitlichung von Treibhausgasen. Die Zahl gibt an, wie sehr ein Gas in einem Zeitraum X im Vergleich zur gleichen Menge CO_2 zur globalen Erhitzung beiträgt.

schaftlichen Fläche der EU aus. Ihre Entwässerung verursacht aber ein Viertel der Emissionen in den Sektoren Landwirtschaft und Landnutzung.[77]

Insgesamt hat der Sektor Landwirtschaft, Forstwirtschaft und andere Landnutzung einen Anteil von 22 Prozent an den weltweiten Emissionen.[78] Die Landwirtschaft ist aber nicht nur ein Treiber der globalen Erhitzung, sie ist auch gleichzeitig von deren Folgen betroffen. Stürme und Starkregen bedrohen die landwirtschaftliche Infrastruktur, Ernteerzeugnisse, Tiere, Landwirt:innen und Arbeiter:innen, die von der Landwirtschaft abhängig sind. Erntestatistiken zeigen, dass Dürren und mangelnde Wasserversorgung schon heute deutliche Auswirkungen auf die landwirtschaftlichen Erzeugnisse haben.[79][80] Hinzu kommen Schädlinge, die sich aufgrund des veränderten Klimas bei uns niederlassen.[81] Eine Studie, die vom Umweltministerium und dem Ministerium für Wirtschaft und Klimaschutz in Auftrag gegeben wurde, beziffert den Schaden, der alleine in den Hitzesommern 2018 und 2019 für die Landwirtschaft entstand, auf 7,8 Milliarden Euro.[82] Mit fortschreitender globaler Erhitzung werden sich diese Entwicklungen verstärken, was auch das Risiko für gleichzeitige Ernteausfälle erhöht. Um den Herausforderungen des Klimawandels gerecht zu werden, ist es wichtig, dass Regierungen, Landwirt:innen, Forschungseinrichtungen und andere Akteure gemeinsam daran arbeiten, innovative und nachhaltige Lösungen für die Landwirtschaft zu entwickeln und umzusetzen. Indem wir in eine nachhaltigere Landwirtschaft investieren, können wir nicht nur den Klimawandel bekämpfen, sondern auch die Lebensgrundlage von Millionen von Menschen sichern, die von der Landwirtschaft abhängig sind.

TIERHALTUNG

Knapp 70 Prozent der Emissionen aus der Landwirtschaft in Deutschland waren im Jahr 2022 auf die Tierhaltung zurückzuführen.[83] Dabei fallen vor allem die klimawirksamen Gase Methan und Lachgas ins Gewicht, die bei der Verdauung von Wiederkäuern oder dem Wirtschaftsdünger-Einsatz entstehen. 95 Prozent der Emissionen aus diesem Bereich gehen dabei aufs Konto der Rinder- und Schweinehaltung.[84] An den deutschen Gesamtemissionen hat die Tierhaltung damit einen Anteil von gut 5 Prozent. Das klingt erstmal nicht viel. Global sieht das aber schon anders aus. Dort liegt der Anteil der Emissionen irgendwo zwischen 16,5 und 28,1 Prozent.[85] Während bei uns in Deutschland die Tierbestände zurückgehen, hat sich die Tierhaltung weltweit in den letzten zwei Jahrzehnten stark ausgeweitet.[86] Neben den Emissionen ergeben sich dadurch weitere Herausforderungen, denn die Tiere brauchen jede Menge Futter, Wasser und Platz. Mehr als drei Viertel der landwirtschaftlichen Fläche wird für Weiden oder Äcker für den Anbau von Tierfutter verwendet. Etwa ein Drittel aller weltweit angebauten Feldfrüchte landet in Futtertrögen.[87] Für die Produktion dieser Futtermittel werden immer mehr Flächen erschlossen. »Das liegt vor allem an der geringen Effizienz und Produktivität auf diesen Flächen. Flächengewinnung ist in einigen Regionen, beispielsweise in Brasilien, billiger als die Steigerung der Produktivität«, sagt Claudia Hunecke vom Potsdam-Institut für Klimafolgenforschung. Weil die Nachfrage nach billigem Fleisch gewachsen sei, sei die Branche einem hohen Preisdruck ausgesetzt.

Durch die Erschließung immer neuer Flächen werden Lebensräume und wichtige Kohlenstoffsenken zerstört. Deutlich wird das vor allem an den tropischen Wäldern dieser Erde. Zwischen 90 und 99 Prozent aller Rodungen in den Tropen sind direkt oder indirekt auf die Landwirtschaft zurückzuführen. Die Ausweitung von Weideflächen macht dabei etwa die Hälfte der Entwaldung aus. Die Produktion von Soja für Tierfutter ist ein weiterer Treiber für die Abholzung.[88] 16 Prozent der globalen Tropenabholzung von 2005 bis 2017 gehen auf die Kappe von Ländern der Europäischen Union, wie ein WWF-Report zeigt.[89]

Die Tierhaltung in Deutschland und weltweit trägt durch die verursachten Treibhausgasemissionen und die enormen Flächenbedarfe erheblich zur Zerstörung unserer Lebensgrundlagen bei. Abgesehen davon, dass konventionelle Tierhaltungsformen aus ethischer Perspektive ziemlich problematisch sind, fördern sie durch die günstigen Fleisch- und Wurstpreise auch Überkonsum und gefährden damit die Ernährungssicherheit in vielen Ländern.[90] Dennoch: Eine angemessene Tierhaltung könne aus einer Klima- und Umweltsicht auch Vorteile bringen, so Hunecke. So könne sie auf bestimmten Flächen sogar zur Biodiversität beitragen, und organischer Dünger sei notwendig, um die Lebensmittelproduktion für eine steigende Weltbevölkerung sicherzustellen. Auch mit Blick auf andere Länder nimmt die Tierhaltung laut Hunecke eine zentrale Bedeutung ein. »Für viele Länder des sogenannten Globalen Südens ist Tierhaltung ein wichtiger Teil der Diversifizierungsstrategie, um sich besser an die Folgen des Klimawandels anpassen zu können. Hinzu kommt, dass gerade kleinere Tiere oft von Frauen gehalten und versorgt werden, wodurch diese ein eigenes Einkommen erhalten und gestärkt werden können.« Das bedeutet also nicht, dass die Tierhaltung komplett abgeschafft werden soll und all das angebaute Getreide und Soja künftig ausschließlich in unsere Mägen wandert. »Wir sollten auch in Zukunft immer noch einen gewissen Anteil davon in der globalen Landwirtschaft haben und einen geringen Anteil an tierischen Produkten in der individuellen Ernährung. Allerdings beides in massiv reduzierter Menge im Vergleich zu heute«, findet Hunecke. So muss vor allem in den Ländern ein Umdenken stattfinden, in denen (zu) viel Fleisch gegessen und tierische Produkte konsumiert werden. Mit 52 kg Fleisch pro Kopf im Jahr 2022 betrifft das auch einen Großteil der Deutschen.[91] Wie sich das auf unser Ernährungssystem und möglicherweise unseren Speiseplan auswirken könnte, beschreiben wir im Kapitel *Ernährung*.

MORGEN

»*Wir sind dabei, **kritische Grenzen** unseres Erdsystems **zu überschreiten,** die nicht rückgängig gemacht werden können – **mit katastrophalen Auswirkungen** für die Menschheit und unsere Natur. **Was die Welt heute unternimmt,** um ihre Treibhausgasemissionen zu senken, **entscheidet über unsere Zukunft.***«

NICO WUNDERLING

Forscher am Potsdam-Institut für Klimafolgenforschung

WIR, 2030

Fast alle Regierungen dieser Welt einigten sich 2015 im Pariser Klimaabkommen darauf, einen globalen Temperaturanstieg auf 1,5 Grad Celsius über dem vorindustriellen Niveau zu begrenzen, ihn aber zumindest auf deutlich unter 2 Grad Celsius zu halten.[92]

Nun war es aber nicht so, dass irgendwann ein Politiker aufgewacht ist und sich dachte: »1,5 klingt doch irgendwie gut, es ist der perfekte Kompromiss aus 1 und 2, lasst uns das mal versuchen!« Auch wenn es, so wie aktuell damit umgegangen wird, vielleicht so wirkt.

Nein, die 1,5 Grad Celsius sind kein willkürlich gesetzter Wert. Laut dem Generalsekretär der World Meteorological

Organization (WMO) Petteri Taalas markieren sie vielmehr den Punkt, an dem der Klimawandel für die Menschen und den gesamten Planeten immer gefährlicher wird.[93] Leider ließen die Politiker:innen dem Pariser Klimaabkommen kaum Taten folgen. Die globalen Emissionen stiegen auch nach 2015 Jahr für Jahr weiter an. Zwar sorgte die Corona-Pandemie 2020 für einen kurzfristigen ungeplanten Rückgang, dieser verlangsamt den Kohlendioxid-Anstieg in der Atmosphäre aber nur minimal.

Das hat zur Folge, dass wir die 1,5-Grad-Schwelle mit an Sicherheit grenzender Wahrscheinlichkeit überschreiten werden. Denn auch wenn die Einhaltung technologisch noch möglich wäre, geht die Chance angesichts der aktuellen Weltlage gegen null.[94] Global müssten dafür bis 2030 die Treibhausgasemissionen im Vergleich zu 1990 nahezu halbiert werden, spätestens zehn Jahre später müsste die ganze Welt ihre CO_2-Emissionen auf null reduziert haben.[95] [96] Diese Netto-Null wird erreicht, wenn die Gesamtmenge der freigesetzten Treibhausgase gleich null ist. Das heißt: Da wo es geht, müssen Emissionen reduziert werden. Da, wo es aktuell noch nicht möglich ist, müssen die Emissionen kompensiert werden.

Im Moment bewegen wir uns aber in eine ganz andere Richtung.

Laut der WMO wird es schon in den kommenden Jahren wahrscheinlich, dass sich die Erde kurzzeitig um 1,5 Grad erhitzt.[97] Dauerhaft könnten wir die Schwelle schon in den frühen 2030er Jahren erreichen.[98]

Dann können wir uns ja gleich geschlagen geben und mit einem Kaltgetränk auf unseren Untergang warten, oder? Auf keinen Fall! Es bedeutet, dass wir vor allem zwei Dinge tun

WELTWEITE CO_2-EMISSIONEN

verursacht durch Energiegewinnung aus fossilen Brennstoffen, in Milliarden Tonnen

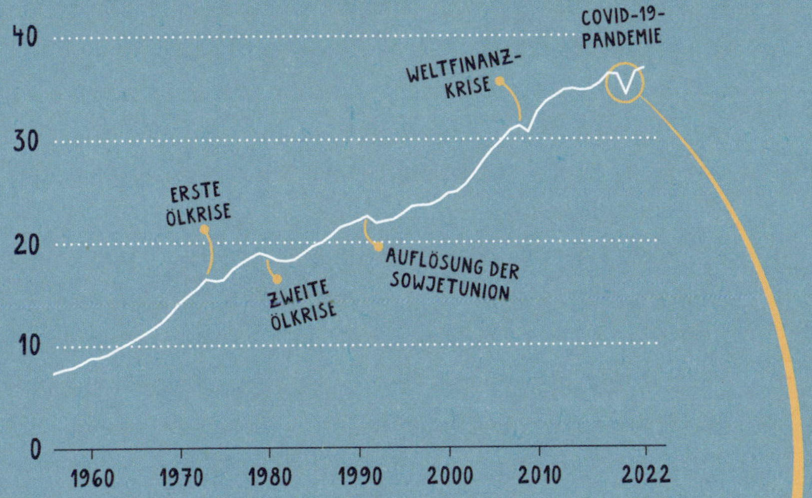

jährliche Veränderung, in Milliarden Tonnen

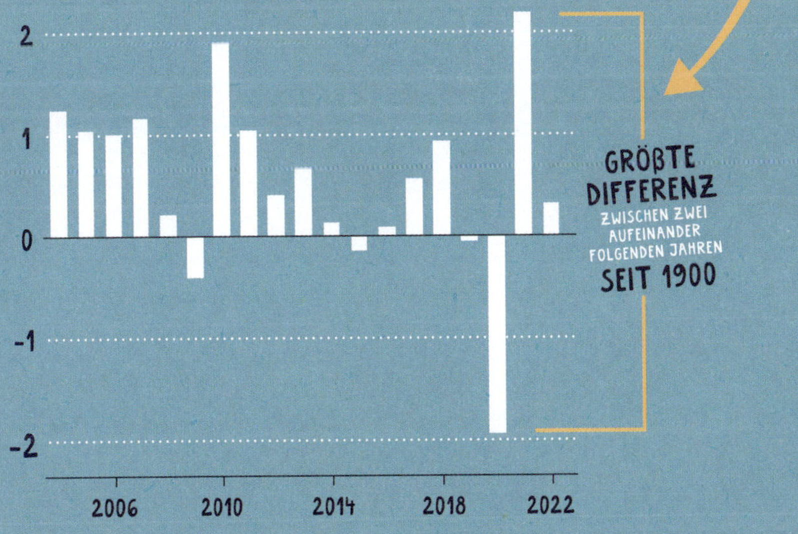

müssen: Erstens sollten wir uns damit auseinandersetzen, was schon in wenigen Jahren auf uns zukommt und die nötigen Vorbereitungen und Anpassungen treffen. Darüber sprechen wir in der Sektion *Wandel*. Zweitens sollten wir schnellstens damit anfangen, unsere Emissionen herunterzuschrauben und unser gesamtes Energiesystem auf erneuerbare Energien umzustellen, um letztlich zumindest einen Teil genau dieses Wohlstands zu erhalten, der häufig als Argument gegen Klimaschutzmaßnahmen vorgebracht wird (siehe Kapitel *Kosten*).[99] Eine Sache sollte uns abschließend bewusst sein: Der häufig genutzte Begriff *1,5-Grad-Ziel* ist irreführend. Denn 1,5 Grad war nie ein politisches Ziel, sondern markiert eine Höchstgrenze, bei deren Überschreitung die schon bestehenden Risiken für Menschheit und Biodiversität rapide weiter ansteigen. Mehr dazu im folgenden Kapitel *Kipppunkte*.

KIPPPUNKTE

Der Begriff *Klimawandel* erweckt den Eindruck, dass es sich dabei um eine lineare Veränderung der klimatischen Bedingungen handelt. Es ist aber auch möglich, dass Änderungen stark oder ruckartig einsetzen, sobald durch die globale Erhitzung eine gewisse Schwelle im Klimasystem überschritten wird. Man spricht in diesem Fall von sogenannten Kippelementen.

Veranschaulicht wird das Modell einer solchen gefährlichen Kippschwelle mit einem Gedankenspiel des Potsdam-Instituts für Klimafolgenforschung (PIK): Ein Objekt – zum Beispiel eine teure Vase – wird immer weiter in Richtung einer Tischkante geschoben. Lange Zeit passiert nichts, bis das unersetzliche Erbstück an einen bestimmten Punkt gelangt, an dem es abrupt kippt und in unzählige Teile zerspringt. Den Urzustand des Scherbenhaufens wiederherzustellen, ist ein Ding der Unmöglichkeit.

Ähnlich wie das Zerbrechen der Vase zeichnen sich auch Kippelemente durch ihre Irreversibilität aus. Sie könnten also auch dann nicht in den Ursprungszustand zurückgebracht werden, wenn die globalen Temperaturen nach einiger Zeit wieder sinken würden.

Das PIK nennt 16 solcher sensiblen Systeme, darunter große Eisflächen, Wälder, Korallenriffe oder Meeresströmungen.[100] »Kippelemente, wie Grönland, die atlantischen Ozeanströmungen oder der Amazonas-Regenwald, sind für die Stabilität des gesamten Erdsystems zentral. Wenn sie einmal anfangen zu kippen, ist das nahezu unumkehrbar«, erklärt Nico Wunderling, der am PIK zu Kippelementen forscht. Eines dieser Kippelemente ist der Amazonas-Regenwald, der aufgrund seiner Schlüsselrolle für das Klima auch als »grüne Lunge der Erde« bezeichnet wird. Mit zunehmender globaler Erhitzung, verringertem Niederschlag und massiver Abholzung und Brandrodung steigt das Risiko, eine Kippschwelle des Systems zu überschreiten. Wenn das passiert, könnten sich Teile des Gebietes in eine Savanne verwandeln und riesige Mengen an zuvor gespeichertem Kohlenstoff in die Atmosphäre entweichen.[101] Noch mehr CO_2 können wir gerade eigentlich nicht so gut gebrauchen. Auch andere Kippelemente tragen allein durch das Überschreiten der Schwelle weiter zur globalen Erhitzung bei. Ein weiterer kritischer Aspekt: »Es hat sich gezeigt, dass die Wechselwirkungen zwischen den Kippelementen das Klimasystem zusätzlich destabilisieren, sobald ein Kipppunkt überschritten wurde«, so Wunderling. Mit fortschreitendem Klimawandel werde damit nicht nur das Risiko erhöht, einen Kipppunkt auszulösen, sondern auch das von dominoartigen Kippkaskaden. Ein Beispiel: Schmelzen große Teile des grönländischen Eisschildes, gelangt mehr und mehr Schmelzwasser in den Ozean. Das könnte die Atlantikzirkulation verlangsamen, was wiederum eine mögliche Destabilisierung für Teile des Arktischen Eisschildes mit sich bringt. Der daraus folgende Meeresspiegelanstieg würde wiederum beide Eisschilde weiter destabilisieren.[102] Ein Dominospiel, bei dem es nur Verlierer gibt. Wann diese Schwellen überschritten werden, ist aktuell nicht genau bekannt. Forschende haben aber Temperaturen identifiziert, bei denen die Überschreitung eines Kipppunktes möglich bzw. wahrscheinlich wird.[103] »Einige Kippelemente wie der grönländische und westantarktische Eisschild reagieren auf die globale Erwärmung besonders sensibel und könnten bereits bei Temperaturen zwischen 1,5 und 2 Grad kippen«, so Wunderling. Für sie erhöhe sich das Risiko für Kippereignisse und daraus resultierende Kippkaskaden überproportional, sobald die Pariser Klimaziele überschritten seien. Das würde den unaufhörlichen Schmelzprozess und damit letztlich den Kollaps der Eisschilde bedeuten. Mit fatalen Folgen für die Menschheit: »Im Falle eines Abschmelzens des Grönlandeisschildes würde das dann bis zu 7 Meter Meeresspiegelanstieg bedeuten und mehrere große Küstenstädte wie New York, Jakarta oder Hamburg bedrohen«, so Wunderling. Kippelemente seien deshalb für die Integrität des Erd- und Klimasystems, aber auch für das Zusammenleben menschlicher Gesellschaften insgesamt entscheidend.

CO_2-BUDGET

Bei der Verminderung der weltweiten Treibhausgasemissionen kommt es nicht unbedingt darauf an, bis zu einem bestimmten Zeitpunkt klimaneutral zu sein. Vielmehr gibt es noch ein gewisses Kontingent an CO_2, das wir global höchstens noch in die Atmosphäre abgeben können, bevor die Folgen der globalen Erhitzung unkontrollierbar werden.

Sollten alle Länder also noch 20 Jahre weitermachen wie bisher und dann von einem Tag auf den anderen klimaneutral werden – was unmöglich ist, aber selbst wenn –, dann hätten wir in der Zwischenzeit trotzdem viel zu viel CO_2 emittiert. Das Ziel vieler Länder ist es deshalb, die CO_2-Emissionen Jahr für Jahr einigermaßen linear herunterzuschrauben.

Auf der folgenden Grafik sieht man, wie eine lineare Verminderung der CO_2-Emissionen global aussehen müsste, um das Pariser Klimaabkommen zumindest noch mit einer 50-prozentigen Wahrscheinlichkeit einzuhalten. Wobei eine 50-prozentige Chance nicht besonders viel ist, wenn es darum geht, einen planetaren Hochrisikobereich zu betreten.
Die Fläche unter den abwärts verlaufenden Linien zeigt das verbleibende CO_2-Budget für eine 50- oder 66-prozentige Chance, die 1,5- oder 1,8-Grad-Schwellen einzuhalten. Die schwarze Linie links oben stellt die tatsächlichen globalen Emissionen seit dem Jahr 2016, also nach der Verabschiedung des Pariser Klimaabkommens, dar.

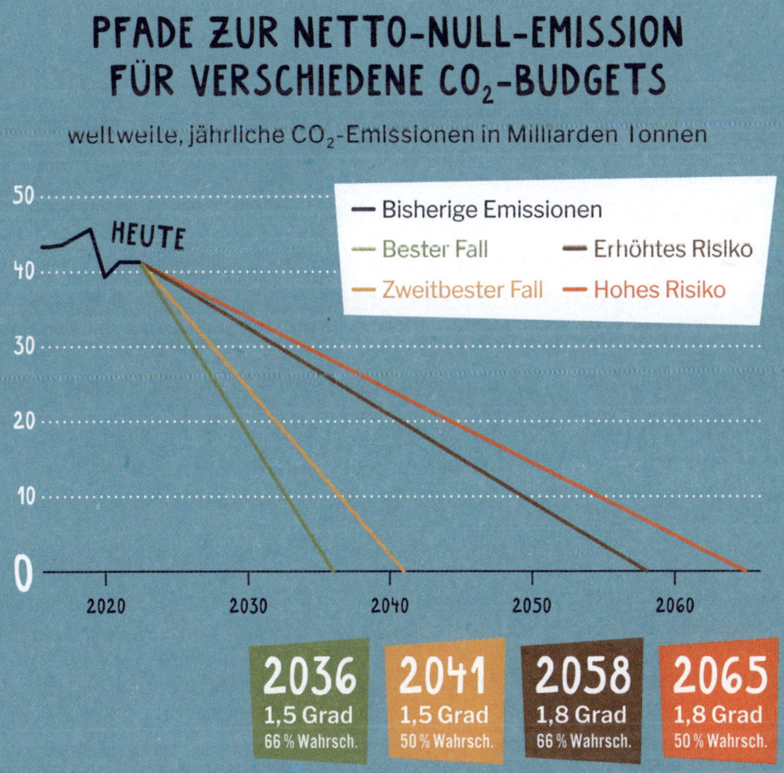

Dort sieht man: Obwohl die Emissionen durch die Corona-Pandemie kurzzeitig stagniert sind, machen sie keine Anstalten, linear zu sinken – so wie sie es müssten, damit wir noch irgendwo in der Nähe von 1,5 Grad landen.

Mit jedem Jahr, das vergeht, müsste die Kurve steiler nach unten verlaufen. Dass die Begrenzung der Emissionen linear verläuft, wie in der Grafik dargestellt, ist außerdem unwahrscheinlich. Vielmehr müsste sie durch den globalen Kohleausstieg und weitere vergleichsweise einfach zu ergreifende Maßnahmen erst rapide sinken, um Zeit für weitere energieintensive Bereiche wie die Zementproduktion zu gewinnen, für die es noch keine marktreifen Alternativen zur Verbrennung fossiler Energien gibt. Für dieses verbleibende Budget, das die Welt höchstens noch emittieren darf, gibt es keinen Verhandlungsspielraum. Der wird erst wichtig, wenn es darum geht, das sekündlich kleiner werdende globale CO_2-Budget fair auf die einzelnen Länder der Welt zu verteilen.

Den Industrienationen würde wohl eine Verteilung entgegenkommen, die sich an ihren bisherigen Emissionen orientiert. Länder, die heute viel emittieren, dürften nach diesem Verteilungsprinzip (vorerst) auch weiterhin mehr des noch vorhandenen Budgets verbrauchen, um kritische Strukturen nicht zu gefährden.

Viele Länder des Globalen Südens fordern dagegen eine Verteilung, die sich an der Wirtschaftskraft oder der historischen Verantwortung der einzelnen Länder orientiert. Demnach bekämen Länder, die finanziell gut aufgestellt sind oder eine starke historische Verantwortung an der globalen Erhitzung tragen, ein geringeres CO_2-Budget zugesprochen.

Eine Art Kompromiss bilden Verteilungsprinzipien, die nach Bevölkerungszahl gehen. China mit etwa 1,4 Milliarden Menschen würde demnach gemessen an der Bevölkerungszahl ein höheres CO_2-Budget zugeteilt bekommen als Europa mit rund 450 Millionen Menschen. Andere, darunter der Klimaforscher Joachim Schellnhuber, fordern dagegen ein individuelles anstelle eines nationalen CO_2-Budgets.[104] Demnach hätte jeder Mensch auf der Erde ein festes CO_2-Budget pro Jahr zur Verfügung. Wer mehr benötigt, müsste sich Emissionsrechte von anderen Privatpersonen einkaufen, die weniger CO_2-Emissionen verursachen. Weil jeweils unterschiedliche Länder von den unterschiedlichen Verteilungsschlüsseln profitieren und die Umsetzung teilweise äußerst kompliziert wäre, hat es bisher noch keine globale Einigung gegeben. Viele Länder nutzen das nun als Anlass, sich dementsprechend überhaupt kein festes CO_2-Budget zu setzen.

Auch Deutschland setzt statt eines verbindlichen CO_2-Budgets auf sogenannte Minderungsziele, die jedoch nicht an die 1,5-Grad-Grenze angelehnt sind.[105] Nachdem der Verkehrssektor im Jahr 2022 seine Vorgabe deutlich überschritten hat, soll das Klimaschutzgesetz nun geändert werden. Zählen sollen dann vor allem die Gesamtemissionen aller Sektoren, sodass die Nichteinhaltung einzelner Sektoren wohl ohne große Folgen bleibt. Was zunächst sinnvoll klingen mag, verkennt nicht nur den dringend notwendigen Wandel in allen Sektoren, sondern auch, dass dieses Modell wenig nachhaltig ist. So konnte der Sektor Industrie mit seinen deutlich gesunkenen Emissionen das Verfehlen des Verkehrssektors nur ausgleichen, weil die Industrie durch den Krieg in der Ukraine starke Einbrüche erlitten hat.[106]

Dieses Kapitel zu lesen dauert etwa vier Minuten. In dieser Zeit sind laut der CO_2-Uhr des Mercator Research Institute on Global Commons and Climate Change global 320.880 Tonnen CO_2 emittiert worden.[107] Die Uhr tickt, das globale Budget verkleinert sich sekündlich. Nach deren Schätzung wird das CO_2-Budget für ein 1,5-Grad-Szenario im Jahr 2029 aufgebraucht sein. Schon 18 Jahre später wäre die 2-Grad-Grenze erreicht.

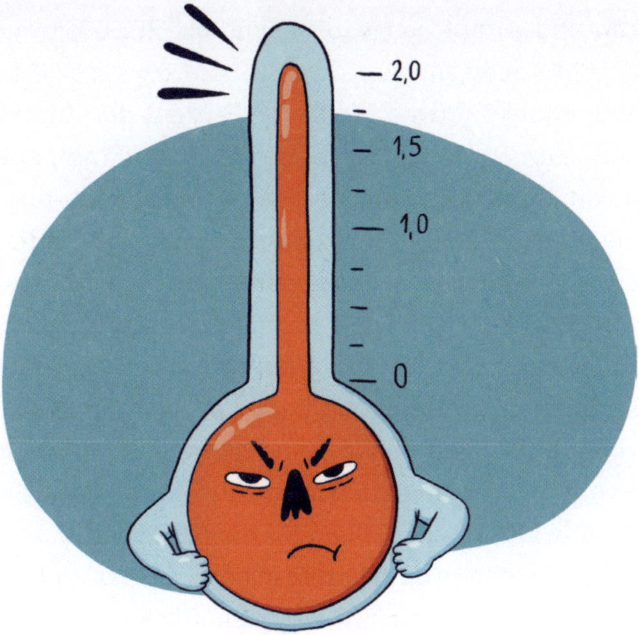

1,5 VS. 2 °C

Wenn schon nicht 1,5 Grad, dann landen wir eben irgendwo bei 2 Grad. Oder?

Dieser Gedanke liegt nah, wenn man an das Pariser Klimaabkommen denkt, in dem die beiden globalen Temperaturanstiege in einem Satz genannt werden. Doch wenn schon eine globale Erhitzung von 1,5 Grad unser Leben stark verändern wird, dann ist jedes weitere Zehntelgrad deutlich spürbar.

Ein Sonderbericht des Weltklimarates IPCC hat im Detail herausgearbeitet, in welchen Bereichen sich 1,5 von 2 Grad unterscheiden.[108] So steigt bei einem globalen Temperaturanstieg von 2 Grad die Zahl der Menschen, die klimabedingten

Risiken und Armut ausgesetzt sind, bis 2050 um mehrere hundert Millionen an.

Während bei 1,5 Grad 70 bis 90 Prozent der Korallenriffe sterben, verschwinden bei einem globalen Temperaturanstieg von 2 Grad alle Korallenriffe.[109] Das bedeutet nicht nur einen riesigen Verlust für die Biodiversität und die Resilienz unserer Ökosysteme, sondern hat auch fatale Folgen für die etwa 600 Millionen Menschen, die ihren Lebensunterhalt direkt oder indirekt mit der Fischerei verdienen.[110] 2 Grad globale Erhitzung bedeuten bis Ende des Jahrhunderts außerdem doppelt so viele Pflanzen und Wirbeltiere und dreimal so viele vom Artensterben betroffene Insekten im Vergleich zu 1,5 Grad.[111] Mit fatalen Folgen für die Biodiversität und Ökosysteme, von denen der Mensch in hohem Grade abhängig ist (siehe Kapitel *Biodiversität*). Auch ein Blick in die Arktis, wo die Temperatur in den vergangenen 40 Jahren fast viermal so schnell gestiegen ist wie im globalen Durchschnitt, lohnt sich.[112] Während die Forschenden in einem 1,5-Grad-Szenario alle 100 Jahre einen eisfreien Sommer in der Arktis prognostizieren, rechnen sie bei einer Erhitzung von 2 Grad mit einem eisfreien Sommer alle 10 Jahre.[113] Der rasante Temperaturanstieg in der Arktis hat Folgen für die ganze Welt, denn das Abschmelzen der Eisschilde und Gletscher beschleunigt nicht nur die globale Erhitzung, sondern lässt auch den Meeresspiegel weiter ansteigen. Das Verschwinden von Küsten und Inseln könnte die Folge sein.[114] Um es kurz zu machen: Ein Anstieg der globalen Temperaturen um 2 Grad ist keine mehr oder weniger gleichberechtigte Alternative zu 1,5 Grad. Doch auch diese Schwelle werden wir höchstwahrscheinlich übertreten. Eine Studie zeigt, dass das bereits Mitte des Jahrhunderts der Fall sein könnte.[115] Wer heute unter 45 Jahre alt ist, wird diese Welt also wahrscheinlich noch erleben. Das Leben in Deutschland wird dann ein anderes sein. Extrem heiße Tage werden genauso zugenommen haben wie Starkregenereignisse.[116] [117] Mit ihnen kommen massive Ernteausfälle, und auch Hochwasserkatastrophen wie 2021 in Rheinland-Pfalz und Nordrhein-Westfalen werden keine Seltenheit mehr sein. Das Waldsterben wird durch Schädlinge wie den Borkenkäfer, die sich bei den warmen Temperaturen wohlfühlen, stark fortgeschritten sein. Fichten, Buchen und Ebereschen sind womöglich vielerorts nicht mehr in deutschen Wäldern zu finden. Die Asiatische Tigermücke wird sich ausgebreitet haben und Krankheiten wie Dengue-Fieber übertragen. Deutsche Küstenregionen, insbesondere im Norden und Nordwesten, werden stellenweise überflutet sein.

An diesen Gegebenheiten können wir nicht mehr viel ändern, weil die CO_2-Mengen, die 2050 unser Klima bestimmen werden, größtenteils schon in der Atmosphäre sind.[118] Was wir heute verändern können und müssen, sind die Jahre danach.

WIR, 2100

Die Zukunft unseres Planeten entscheidet sich in den nächsten Jahren. Sollten wir es schaffen, unsere globalen Emissionen möglichst schnell zu reduzieren, könnten wir die globale Erhitzung noch auf 2 Grad begrenzen.

Dafür müssten die Regierungen dieser Welt ihre Klimaziele für 2030 nicht nur einhalten, sondern auch noch deutlich nachschärfen.

Sollten alle Länder ihre nationalen Zielvorgaben bis 2030 »nur« einhalten, würde sich die Erde bis Ende des Jahrhunderts laut Climate Action Tracker um 2,5 Grad erhitzen.[119] Temperaturen von mehr als 2 Grad über den vorindustriellen Werten hat es auf der Erde seit 2,6 Millionen Jahren nicht mehr gegeben. Die Zivilisation, wie wir sie kennen, hat keinerlei Erfahrungswerte damit.[120] Doch selbst die Einhaltung der aktuell gesetzten Ziele wird eine Herausforderung. Sollten alle Regierungen einfach weitermachen wie bisher, könnten wir Ende des Jahrhunderts auf eine Erhitzung von mehr als 3 Grad zusteuern.[121]

Eine im Fachjournal *Nature Communications* erschienene Studie rechnet mit 83 Millionen zusätzlichen Toten bis Ende des Jahrhunderts, wenn keine entscheidenden Maßnahmen zum Klimaschutz eingeleitet werden.[122] Schon deutlich vor Ende des Jahrhunderts könnten ein bis drei Milliarden Menschen außerhalb der Klimabedingungen leben, in denen sich die Menschheit innerhalb der letzten 6.000 Jahre entwickelt hat. Ein Drittel der Weltbevölkerung würde dann in der eigenen Heimat Jahresmitteltemperaturen erleben, die vergleichbar mit denen in der heutigen Sahara sind.[123] Eine solche Welt führt fast unweigerlich zu politischer Destabilisierung, einem extremen Einbruch der globalen Wirtschaft und einem globalen Kontrollverlust.

Ohne rigide Klimaschutzmaßnahmen steuern wir Ende des Jahrhunderts auf eine Welt zu, in der die Zivilisation, wie wir sie heute kennen, nicht mehr existiert. Hitze, unbewohnbare Gegenden und Hunger- und Wasserkrisen könnten zu Fluchtbewegungen, sozialen Unruhen und internationalen Konflikten unbekannten Ausmaßes führen. Das ist keine Schwarzmalerei, sondern die akkurateste Prognose, die wir aktuell haben. Für viele Menschen ist die Klimakrise schon heute ein existenzielles Problem. Sie fürchten um Wasser, Nahrung und ihr Zuhause.

Weil die Verantwortung für den Klimawandel und dessen Folgen ungleich verteilt sind, ist die Klimakrise auch eine Gerechtigkeitskrise. In der Diskussion rund um Emissionsminderungen muss sie nicht als weiterer Punkt auf der Agenda, sondern als Dimension mitgedacht werden.

UNGLEICHHEIT

*»Die **Ursachen** der Klimakrise **liegen in Ausbeutungsverhältnissen**. Historisch und gegenwärtig sind **treibhausgasintensive Prozesse untrennbar mit der Ausbeutung von Menschen und unserer nicht-menschlichen Mitwelt** (Tiere, Planzen, Erden, etc.) verknüpft.«*

IMEH ITUEN

Umweltgerechtigkeitsaktivistin und im Decolonial Think Tank for Care and Repair organisiert

GERECHTIGKEIT

Als ob das mit den Treibhausgasen und dem sechsten Massenaussterben nicht schlimm genug wäre, sind wir neben der ökologischen auch mit einer sozialen und ethischen Krise konfrontiert. Das wird vor allem daran deutlich, dass der Klimawandel Menschen in den Regionen stärker beeinflusst, die selbst kaum Treibhausgase emittiert haben. An vielen Stellen wirkt die Klimakrise als Multiplikator bereits bestehender Ungerechtigkeiten. Sie trifft insbesondere die Teile der Weltbevölkerung, die schon zuvor aufgrund ungleicher Verteilung von Privilegien und Teilhabe sowie Unterdrückung benachteiligt waren. Neben bestimmten Regionen der Erde sind auch Teile der Weltbevölkerung – Frauen, Kinder, ältere oder arme Menschen, indigene Bevölkerungsgruppen und ethnische Minderheiten – deutlich stärker betroffen. Aufgrund von Unterdrückung und begrenzten Ressourcen sind sie oft nicht ausreichend in der Lage, sich vor den Auswirkungen der Klimakrise zu schützen oder angemessen darauf zu reagieren.[124] [125] Die Ungleichheit besteht nicht nur zwischen Arm und Reich und zwischen den Geschlechtern, sondern auch im zeitlichen Kontext von Generationen. Kinder, die Anfang dieses Jahrzehnts auf die Welt gekommen sind, werden in ihrem Leben im Durchschnitt bis zu siebenmal mehr Hitzewellen erleben als eine Person, die 1960 geboren wurde.[126] In diesem Zusammenhang wird oft von Generationengerechtigkeit gesprochen, also der Verpflichtung und Aufgabe, kommenden Generationen einen lebenswerten Planeten zu hinterlassen. Der Begriff der Klimagerechtigkeit vereint die Klimabewegung mit anderen sozialen Bewegungen und adressiert die Ungerechtigkeit, die von den Hauptverursachern der globalen Erhitzung hervorgerufen wird. Insbesondere den Ländern, die durch ihre historischen Emissionen und die Kolonialisierung eines Großteils der Erde zu Wohlstand gelangt sind, kommt deshalb global eine Hauptrolle zur Bekämpfung der Klimakrise zu.[127] Diese Rolle besteht darin, einerseits die eigenen Emissionen schnellstmöglich zu mindern und andererseits finanzielle Unterstützung für Schäden, Verluste und Maßnahmen zur Klimaanpassung in den betroffenen Ländern zu leisten.

Während die Minderung der Emissionen sehr schleppend verläuft, haben sich die Industrienationen auf der Weltklimakonferenz 2022 in Ägypten (COP 27) nach langjährigen Forderungen erstmals darauf geeinigt, einen Fonds für Schäden und Verluste bereitzustellen.[128] [129] Mit diesen Geldern sollen Betroffene von Dürren, Fluten, Hungersnöten oder Unwettern unterstützt werden. »Länder des Globalen Südens kämpfen seit Beginn der internationalen Klimaverhandlungen für die Anerkennung von Klimaschulden seitens der historischen Emittenten, die nun unser Klimasystem gefährden. Die Anerkennung und Begleichung der Schäden und Verluste ist ein unerlässlicher Pfeiler von Klimagerechtigkeit«, sagt Imeh Ituen, die sich im Decolonial Think Tank for Care and Repair für dieses Thema einsetzt. Der Beschluss auf der COP 27 hat ein wichtiges Zeichen gesetzt. Das wurde auf der darauffolgenden Weltklimakonferenz in Dubai nochmal verstärkt, als die Industrienationen insgesamt über 655 Millionen Dollar für den Fonds zusagten.

Ob die Versprechen der Industrienationen eingelöst werden, bleibt jedoch abzuwarten. Aktuell sind die Zahlungen weder rechtsverbindlich noch verpflichtend.

Ihr Versprechen von 2009, ab dem Jahr 2020 100 Milliarden Dollar pro Jahr zur Verfügung zu stellen, haben die Industrienationen bislang nicht eingehalten.[130]

ARM UND REICH

Corona, Kriege und Klima: Die Krisen unserer Zeit führen dazu, dass die ärmsten Mitglieder unserer Gesellschaft immer ärmer werden, die reichsten dagegen noch reicher. Zwei Drittel aller Vermögenszuwächse wanderten seit Beginn der Corona-Pandemie in die Geldbeutel des reichsten Prozents der Weltbevölkerung. In Deutschland entfernen sich die zwei Extreme dabei besonders stark voneinander.[131]

Von Armut betroffene Menschen haben dabei wenig bis keinen Spielraum, wenn die Preise für Lebensmittel und Energie steigen oder sich die Lebensumstände durch die Klimakrise verändern. Wer dagegen mehr Geld zur Verfügung hat, kauft und konsumiert auch mehr. Was logisch klingt, wird durch einen Bericht des Umweltbundesamtes bestätigt. Dort heißt es: »Mit steigendem Nettoeinkommen nimmt der Ausgabenanteil für viele Konsumbereiche zu.«[132] Das führt dazu, dass mehr Umweltressourcen in Anspruch genommen werden, sei es direkt durch Mobilität und häufige Reisen oder indirekt durch die vermehrte Nutzung von Konsumgütern und deren Herstellung.

Die Emissionsunterschiede zwischen den Extremen Arm und Reich innerhalb eines Landes sind dabei sogar größer als die Unterschiede zwischen den Ländern.[133] In Deutschland zum Beispiel emittiert das ärmste Prozent der Bevölkerung jährlich nur ca 3,7 Tonnen CO_2 pro Kopf. Je höher das Einkommen, desto höher die verursachten Emissionen. Das reichste Prozent emittiert schon knapp über 100 Tonnen CO_2 pro Jahr. Die reichsten 0,001 Prozent übersteigen mit einem Pro-Kopf-Ausstoß von rund 6.300 Tonnen CO_2 den des ärmsten Teils unserer Gesellschaft um ein Tausendfaches.[134] Global sind diese Unterschiede noch eklatanter. Über die Hälfte der weltweiten Treibhausgasemissionen wird laut eines Oxfam-Berichts von den reichsten 10 Prozent der Weltbevölkerung verursacht. Superreiche Milliardäre können schon mal millionenfach so viel ausstoßen, wie die ärmsten Menschen unserer Weltgesellschaft.[135] Insbesondere dann, wenn klimaschädliche Investitionen in der Bilanz mit berücksichtigt werden. Um sich gegen die drohenden Folgen des Klimawandels abzusichern, an denen man maßgeblich mitgewirkt hat, werden schon jetzt Vorkehrungen getroffen. In Kitzbühel wird derzeit ein autarker Luxusort, also eine Art Arche Noah für Superreiche, errichtet. Kein Einzelfall, auch in Neuseeland sollen sichere Rückzugsorte für Gutbetuchte entstehen.[136 137]

»Wirklicher Reichtum ist nicht Privatjetfliegen, sondern sich vor dem schützen zu können, was Privatjetfliegen auslöst«, fasst der Satiriker Jan Böhmermann diese Art der »Klimaanpassung« in einem ZDF-Beitrag zusammen.[138] Die beschränkten Möglichkeiten in Armut lebender Menschen, sich an Krisen anzupassen, werden aber nicht nur an diesem Extrembeispiel deutlich. Schon heute zeigt sich, dass Menschen ohne ökonomischen Spielraum stärker unter den Folgen des Klimawandels leiden. Das wird bereits am Wohnort deutlich: In einkommensschwachen Vierteln kann der Mangel an gut isolierten oder wetterfesten Häusern sowie die vermehrte Belastung von Abgasen die Gesundheit direkt beeinträchtigen.[139] Auch global gesehen wird die Klimakrise die Ungleichheit verstärken. Wenn Dürreperioden für Ernteausfälle sorgen, dann sind davon in erster Linie Menschen betroffen, für die die steigenden Preise oder fehlende Nahrung existenzbedrohende Auswirkungen haben. In vielen Fällen haben sie weniger Möglichkeiten, sich gegen diese Risiken abzusichern oder vorzusorgen.

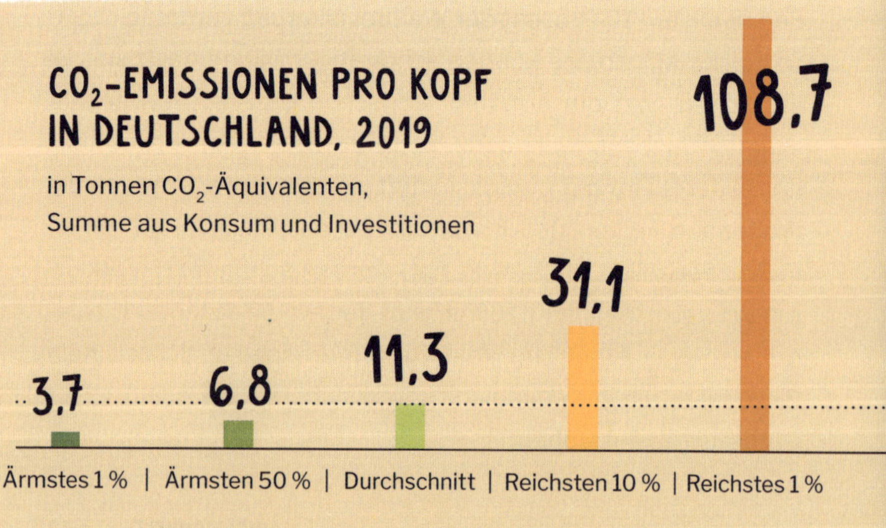

6.344,6
ø
Reichste 0,001 %

Bei der Suche nach Lösungen geht es nicht darum, dass sich jeder einen Privatbunker auf Neuseeland leisten kann. Vielmehr sollten die Ressourcen gerechter verteilt werden, damit bestehende Ungleichheiten innerhalb unserer Gesellschaft durch die Klimakrise nicht weiter verschärft werden. Eine Studie, die im Fachmagazin *Cleaner Production Letters* veröffentlicht wurde, schätzt, dass Millionäre bis zum Jahr 2050 für fast drei Viertel des verbleibenden CO_2-Budgets verantwortlich sein könnten. Ohne dort anzusetzen, sei es nur schwer vorstellbar, dass die globale Erwärmung unterhalb kritischer Schwellenwerte bleiben kann.[140]

Aber wie soll man da vorgehen? Eine Studie aus Großbritannien hat sich damit beschäftigt, wie wohlhabende Menschen ihr eigenes klimaschädliches Verhalten rechtfertigen. Sie kommt zu dem Schluss, dass Menschen mit einem hohen Energie- und Ressourcenverbrauch ihr Verhalten niemals nur durch Informationen und Appelle verändern werden. Die Autor:innen der Studie fordern daher stärkere staatliche Maßnahmen, um klimafreundlicheres Handeln zu ermöglichen – selbst wenn diese die »Wahlfreiheit der Verbraucher« betreffen würden.[141] Ein Instrument, das schon seit Jahrzehnten diskutiert wird, sind individuelle CO_2-Budgets, um einen zu hohen Ausstoß von Emissionen in Rechnung zu stellen.[142] Die Idee dahinter erklären wir im Kapitel *CO_2-Budget*.

KOLONIALISMUS

Der sechste Sachstandsbericht des Weltklimarats IPCC nennt den Kolonialismus als eine der Ursachen dafür, dass Menschen und Ökosysteme so anfällig für die Folgen der globalen Erhitzung sind.[143] Dass die renommiertesten Klimaforschenden der Welt das Wort Kolonialismus in ihren Klimabericht aufnehmen und als »historisches und andauerndes Muster der Ungerechtigkeit« bezeichnen, setzt dabei ein wichtiges Zeichen. Denn schon lange machen Expert:innen und Menschen aus besonders betroffenen Regionen auf die bis heute fortbestehenden vielschichtigen Ungerechtigkeiten aufmerksam, die 1492 mit dem Anfang der Kolonialzeit begannen.

In diesem Jahr legten Christoph Kolumbus und seine Besatzung an einer Insel in den Bahamas an, ein Ereignis, das hierzulande teilweise noch immer als die »Entdeckung Amerikas« bekannt ist.[144] Die Insel wurde dabei aber schon lange von dem karibischen Volk der Taíno bevölkert, was den Begriff *Entdeckung* ungefähr so passend erscheinen lässt, als hätte Napoleon behauptet, nach seinem Einmarsch ins Rheinland Köln entdeckt zu haben. Kolumbus und seine Männer erklärten die Insel zum Eigentum des spanischen Königreichs, die indigene Bevölkerung wurde zu Untertanen gemacht und versklavt. Es folgte eine über 500-jährige Kolonialgeschichte, in der größtenteils europäische Kolonialherren fremde Völker unterjochten, zur Plantagen- oder Minenarbeit zwangen und die dort vorkommenden Rohstoffe plünderten. »Diese rassistisch legitimierten Ausbeutungsverhältnisse haben Prozesse in Gang gesetzt, in denen erstmals kontinentübergreifend großmaßstäblich Treibhausgase emittiert wurden«, sagt die Sozialwissenschaftlerin und Umweltgerechtigkeitsaktivistin Imeh Ituen. »Das daraus hervorgegangene Kapital und die Infrastruktur bildeten die Grundlage der Industrialisierung und des Kapitalismus.« Noch heute profitiert das westliche Wirtschaftssystem von den geringen Sozial- und Umweltstandards und den damit einhergehenden niedrigen Lohn- und Produktionskosten vieler der ehemals kolonialisierten Länder.

Als ob das nicht genug wäre, wird die Verantwortung für die dabei entstehenden Umwelt- und Klimaschäden häufig an diese Länder abgegeben. Bis zu einem Viertel der weltweiten CO_2-Emissionen werden durch die aktuell übliche Art der Emissionsberechnung in den Globalen Süden verlagert. Die

Emissionen werden dabei ganz einfach nicht dem Land zugeschrieben, das die Produkte herstellen lässt und letztendlich nutzt, sondern dem Herstellungsland.[145] So könnten einige Industrienationen in den nächsten Jahren offiziell klimaneutral werden, obwohl sie das Problem einfach nur weitergeben – an die Menschen, die sowieso schon um ein Vielfaches stärker von der Klimakrise betroffen sind und diese am wenigsten verantworten. Durch die geografische Verlagerung von Emissionen kann sich auch die Verantwortungswahrnehmung verschieben, die plötzlich bei den ehemals kolonisierten Ländern liegt. Diese müssen nun von westlichen Technologien »gerettet« werden, was den Industrienationen eine unbegründete moralische Autorität verleiht und unter anderem verkennt, dass viele Lösungen bereits vor Ort entwickelt werden.[146] Die Kolonialisierung wirkt sich damit in vielen Bereichen auf die Gegenwart aus.[147] Laut Imeh Ituen führen »Rassismus und koloniale Muster dazu, dass die Kosten der Klimakrise unverhältnismäßig von rassialisierten Menschen getragen werden. Zahlreiche Statistiken und Fallbeispiele zeigen, dass sowohl im Globalen Süden als auch im Globalen Norden Rassismus dazu führt, dass BIPoC* stärker von Klimawandelfolgen betroffen sind.« [148] [149] Eine umfassende Dekolonialisierung der westlichen Politik, Ökonomie, Wissenschaft, Bildung, Kunst und Kultur muss deshalb Teil der Bemühungen um Klimaschutz sein.[150] [151] Dieser Meinung ist auch Luís González, der in El Salvador eine Abteilung bei der Organisation für Ernährungssicherheit UNES leitet. Er sagt**: »Solange Länder glauben, dass ihre

---

* BIPoC ist die Abkürzung für Black, Indigenous und People of Colour

** Seine Antwort ließ er uns schriftlich über die Romero Initiative zukommen.

Lebensweise auf der Plünderung und Ausbeutung der natürlichen Ressourcen anderer, verarmter Länder beruhen muss, wird das Umwelt- und Klimaproblem nicht gelöst werden.«

PATRIARCHAT

In der Klimagerechtigkeitsbewegung wird oft betont, dass der Kampf gegen patriarchale und kapitalistische Strukturen, Rassismus und die Klimakrise in Wahrheit ein und derselbe Kampf ist.[152] Diese Verbindung ergibt sich aus der Erkenntnis, dass alle Formen der Unterdrückung, Ausbeutung und Diskriminierung eng miteinander verknüpft sind.

Das zeigt sich am Beispiel von Frauen* weltweit, die häufig stärker von der Klimakrise betroffen sind. Insbesondere dann, wenn sie weitere Merkmale aufweisen, für die sie diskriminiert

---

* Wir sprechen in diesem Kapitel von Frauen, weil wir mehrere Studien und Quellen aufgreifen, die keine weitere Unterscheidung zwischen Geschlecht oder sexueller Orientierung getroffen haben. Es ist davon auszugehen, dass die beschriebenen Formen der Diskriminierung auf alle FLINTA*-Personen zutreffen.

werden – zum Beispiel weil sie außerdem homosexuell und Schwarz sind. In diesem Zusammenhang wird von intersektionaler Diskriminierung gesprochen.[153]

Bei der Entstehung und Aufrechterhaltung dieser Ungleichheiten spielen patriarchale Strukturen eine zentrale Rolle. Denn in patriarchalen Gesellschaften werden die wichtigsten Bereiche einer Gesellschaft traditionell von Männern geprägt, kontrolliert und repräsentiert, während Frauen benachteiligt und unterdrückt werden. In vielen Ländern ist das Patriarchat nach wie vor tief verwurzelt, und in eigentlich allen Gesellschaften sind die Auswirkungen dieser Strukturen nach wie vor deutlich spürbar.[154]

So herrscht in weiten Teilen der Welt noch eine geschlechtsspezifische Rollenverteilung vor. Frauen tragen dabei die Hauptverantwortung für die Versorgung der Familie, des Haushalts und der Gemeinschaft. Diese unbezahlte Care-Arbeit ist von entscheidender Bedeutung für den Erhalt der Arbeitskräfte und der Wirtschaft, bleibt jedoch unentlohnt und ist oft wenig anerkannt. In Zeiten von Umweltkrisen erhöht sich die Last der Care-Arbeit, weil zusätzliche Herausforderungen wie der Zugang zu knappen Ressourcen hinzukommen.

Auch bei Naturkatastrophen und Umweltveränderungen sind Frauen statistisch gesehen einem höheren Risiko ausgesetzt. So sind bei dem Tsunami 2004 in Südostasien viermal so viele Frauen ums Leben gekommen wie Männer. Das lag vor allem daran, dass sie zum größten Teil zuhause waren und damit gar nicht oder zu spät gewarnt werden konnten. Eine Studie kommt außerdem zu dem Schluss, dass die Frauen auf ihre arbeitenden Männer gewartet oder eher versucht haben, ihre Kinder und Familienangehörigen zu retten.[155]

Andere Berichte kommen zu dem Ergebnis, dass Frauen Tsunamis auch dadurch häufiger zum Verhängnis werden, weil sie seltener schwimmen gelernt haben.[156]

Hinzu kommt, dass in Zeiten von Umweltkrisen, die durch die Klimakrise häufiger werden, geschlechtsspezifische Gewalt verstärkt auftritt.[157] Häufig handelt es sich dabei um ein Mittel der Kontrolle, um bestehende Privilegien im Zusammenhang mit natürlichen Ressourcen durchzusetzen.[158] Gleichzeitig sind Schutzmechanismen wie Hilfsorganisationen in Krisen häufig geschwächt oder überlastet, sodass betroffene Personen sich schwerer Unterstützung holen können.

Letztlich trägt auch die Tatsache, dass Care-Arbeit nicht vergütet wird, dazu bei, dass Frauen weniger Zugang zu Ressourcen haben und sich damit weniger gut vor den Auswirkungen der globalen Erhitzung schützen oder sich darauf vorbereiten können. Stattdessen sind sie verstärkt von einem Partner abhängig, dessen Arbeit bezahlt wird. Der Wert der unvergüteten Care-Arbeit von Frauen ab 15 Jahren wird in einem Oxfam-Bericht übrigens auf 10,8 Billionen US-Dollar pro Jahr geschätzt.[159] Ohne diese Arbeit würden kapitalistische Systeme nicht funktionieren, weil keine Arbeitskräfte mehr nachrücken würden.

»Kapitalismus und Patriarchat stützen und erhalten sich gegenseitig«, sagt dazu Farah Daibes, Programmleiterin im Regionalprojekt *Politischer Feminismus* der Friedrich-Ebert-Stiftung in Beirut. »Sie formen unser sozioökonomisches System, das die Beiträge von Frauen zur Wirtschaft und die ökologischen Kosten extraktiver Wirtschaftsformen bewusst ignoriert hat.« Die Art und Weise, in der das kapitalistische Patriarchat die unbezahlte Care-Arbeit von Frauen und die natürlichen

Ressourcen für Profit und Machtakkumulation ausbeute, seien die deutlichsten Beispiele dafür.

Durch anhaltende patriarchale Strukturen sind Frauen statistisch gesehen stärker von der Klimakrise betroffen. Gleichzeitig könnte im Patriarchat, das nicht nur die Überlegenheit gegenüber Frauen betont, sondern auch häufig die Dominanz über die Natur, einer der Auslöser der Klimakrise liegen. »Die patriarchalen Strukturen, die den meisten unserer gesellschaftlichen und wirtschaftlichen Institutionen zugrunde liegen, und die auf Karriere, Konkurrenz, Kontrolle, Konflikt, Isolation und binärem Denken basieren, führen dazu, dass Menschen in jeder Generation zerstörerische Muster wiederholen«, sagt die Transformationsforscherin Andrea Vetter. Demgegenüber stehe eine öko-feministische Perspektive, die Interdependenz und Care ins Zentrum stelle – »also, dass Menschen grundsätzlich aufeinander angewiesen sind und voneinander und von Erde, Sonne, Wasser und Wind vollständig abhängig sind; und dass Lebendigkeit existentiell damit verwoben ist, sich achtsam umeinander und um unsere Lebensgrundlagen zu kümmern.«

Bei der Entstehung der Biodiversitäts- und Klimakrise handelt es sich um ein komplexes Zusammenwirken vieler verschiedener Faktoren. Trotzdem sind Patriarchat, Umweltzerstörung und die Klimakrise miteinander verbunden und beeinflussen sich gegenseitig. Die Anerkennung dieser Wechselwirkungen ist entscheidend, um eine ganzheitliche und inklusive Herangehensweise an die Klimakrise zu entwickeln. Nur wenn die vielfältigen Dimensionen sozialer Ungleichheit und Diskriminierung berücksichtigt werden, können effektive Lösungen erarbeitet werden.

PLANET > PROFIT

Planet over Profit ist wohl einer der häufigsten Slogans, die uns bei Klimademos auf Plakaten und Bannern begegnen. Die simple Forderung dahinter: Den Schutz des Planeten, der Umwelt und damit uns Menschen vor unternehmerische Interessen zu stellen.

Diese beiden Ziele scheinen oft miteinander zu kollidieren. Ein Ziel des kapitalistischen Wirtschaftssystems ist die Gewinnmaximierung und das Streben nach Wachstum.[160] Doch viele Menschen leiden unter den Nebenwirkungen des Profitstrebens um jeden Preis. Denn ohne strenge gesetzliche Regelungen und Kontrollen kann es niedrige Löhne, schlechte und unsichere Arbeitsbedingungen und einen fehlenden Zugang zu sozialen Sicherungsmaßnahmen begünstigen. Ein extremes Beispiel findet sich in Brasilien: Um neue Flächen für die Landwirtschaft zu schaffen, werden in der Amazonas-Region indigene Gemeinschaften bedroht, gewaltsam enteignet oder sogar getötet.[161] Eine Recherche zeigt, dass sich die Abholzung von Amazonien nun zunehmend in die brasilianische Savanne Cerrado verschiebt.[162] Auch deutsche Unternehmen beziehen demnach Soja aus der Region und tragen damit eine Mitverantwortung für die Zerstörung der Savanne, die vielen indigenen und lokalen Gemeinschaften eine Heimat ist und rund 137 Milliarden Tonnen Kohlenstoff speichert.

Die Machtverhältnisse, die rücksichtslose Geschäftspraktiken wie diese fördern und verstärken, sind ähnlich wie der Zugang zu Ressourcen ungerecht verteilt. Einige Wenige leben im absoluten Überfluss, während viele mit wenigen bis keinen Ressourcen auskommen müssen.[163] Zudem tragen Gemeinschaften, die bereits benachteiligt sind, häufig die Hauptlast von Umweltverschmutzung und Auswirkungen des Klimawandels.[164] So werden Industrieanlagen oft in unmittelbarer Nähe ihres Wohnorts angesiedelt, was zu Gesundheitsproblemen und einer schlechteren Lebensqualität führt.

Mit dieser Art des Wirtschaftens stoßen wir nicht nur an ethische, sondern auch an natürliche Grenzen. Denn seit 1970 ist der jährliche Ressourcenverbrauch der Menschheit größer als die Regenerationsfähigkeit der Natur. Wenn alle Menschen so leben würden wie in Deutschland, bräuchten wir drei Erden. Spoiler: Wir haben nur eine. »Ökologisch defizitär zu wirtschaften bedeutet, dass wir nicht nur die jährlichen ›Zinsen‹ unseres Naturkapitals verbrauchen, sondern es auch abbauen, indem wir Ressourcen aus der Zukunft nehmen, um die Gegenwart zu bezahlen«, schreibt das Global Footprint Network.[165]

Doch auch in der Gegenwart bezahlen wir bereits einen hohen Preis für die übermäßige Ressourcennutzung. Zum Beispiel mit der Zerstörung unserer Ökosysteme durch Entwaldung, Überfischung, Übernutzung von Wasserressourcen, intensive Landwirtschaft und Bergbauaktivitäten. Die daraus entstehenden massiven Schäden für uns als Gesellschaft müssen von Unternehmen größtenteils nicht als Kosten berücksichtigt werden.[166] Nur deshalb kann ein Kilogramm gemischtes Hack beim Discounter 8 Euro kosten, obwohl es 22 Euro kosten müsste, wenn die Verursacher für Schäden bezahlen müssten, die sich aus den entstandenen Emissionen und der Umweltverschmutzung ergeben.[167]

Ja, wenn die Kosten entlang der Lieferkette plötzlich die wahren Kosten berücksichtigten, dann würde auch das Produkt teurer werden. Menschen mit wenig Geld könnten sich bestimmte Produkte plötzlich nicht mehr leisten, weshalb das Thema *True Cost* häufig mit Argumenten der sozialen Gerechtigkeit abgetan wird. Dagegen sprechen zwei Dinge: Erstens tragen wir als gesellschaftliches Kollektiv schon jetzt die Kosten für die entstandenen Schäden. Wir bezahlen sie nicht direkt beim Einkaufen, dafür aber indirekt mit unseren Steuergeldern und letztlich unserer Lebensgrundlage. Zweitens gibt es mit unserem aktuellen wirtschaftlichen System letztlich keine andere Möglichkeit, als irgendwann die realistischen Preise abzubilden. Denn bisher werden umweltschädigende Produkte auf unsere Kosten und die künftiger Generationen subventioniert, was den Markt massiv verzerrt. Wenn diese Subvention gestrichen würde, dann würden Produkte, die uns als Gesellschaft wenig kosten, durch niedrigere Preise plötzlich bevorzugt und könnten durch Effizienzvorteile immer günstiger werden. Angebot und Nachfrage würden sich entsprechend anpassen, die Umstellung könnte mit sozialen Maßnahmen begleitet werden.

Aktuell dürfen deutsche Unternehmen durch die Externalisierung von Umweltkosten riesige Gewinne auf Kosten der Gesellschaft einfahren. Doch auch sie haben ein berechtigtes Argument: Denn würde man nur in Deutschland die »wahren Kosten« einführen, wären deutsche Unternehmen im globalen Wettbewerb stark benachteiligt. Um dieses Problem anzugehen, plant die EU eine Art CO_2-Zoll auf importierte Güter zu erheben. Damit könnte zumindest im europäischen Binnenmarkt ein faires Umfeld geschaffen werden. Weitere Länder müssten dann nachziehen.

Ein weiterer Schritt in die richtige Richtung könnte auch der 2021 eingeführte CO_2-Preis sein. »Wenn Emissionen teurer werden, reduzieren Haushalte und Industrie ihren CO_2-Ausstoß, indem sie auf günstigere, emissionsärmere Technologien und Verhaltensweisen umsteigen«, erklärt der Autor und Politikwissenschaftler Wolfgang Gründinger die Idee. Geplant ist zudem, dass die dadurch entstandenen Einnahmen in Form eines *Klimageldes* an alle Bürger:innen zu gleichen Teilen ausgezahlt werden. Das hätte eine Umverteilung zur Folge, weil Ärmere statistisch gesehen weniger CO_2 ausstoßen. »So wird die Klimawende fair«, sagt Gründinger.

Aktuell deckt der CO_2-Preis nur einen Bruchteil der vom Umweltbundesamt angesetzten Schadenskosten pro Tonne CO_2 ab.[168] Um eine tatsächliche Lenkungswirkung zu erzielen, müssten die Kosten für die Emissionen von CO_2 stark ansteigen. Dies kann über eine direkte Erhöhung des CO_2-Preises passieren. Eine indirekte Anhebung kann außerdem über einen Emissionshandel erfolgen. Hier wird mit einer Obergrenze an Emissionsrechten gearbeitet, die nach und nach reduziert wird. Die Idee: Mit der Verknappung steigen die Preise für die Emissionsrechte. Der Anreiz, die eigenen Emissionen zu reduzieren, steigt.

Der Europäische Emissionshandel umfasst bisher die Energiewirtschaft, die energieintensive Industrie und den innereuropäischen Luftverkehr. Ab 2027 kommen die Bereiche Wärme und Treibstoffe dazu.[169] Das Konzept ist (noch) nicht perfekt. Doch es zeigt, dass soziale Gerechtigkeit und Klimaschutz zu Unrecht gegeneinander ausgespielt werden. Mit einem gezielten Instrumentenmix wäre es durchaus möglich, die beiden wichtigen Ziele miteinander zu verbinden und damit potenziell auch mehr Zuspruch in der Bevölkerung zu gewinnen.

KOMMUNIKATION

»Ich denke in erster Linie muss eine **gute Klima-Kommunikation alle Bereiche erfassen** *und die Gesamtheit macht es dann aus. Es reicht nicht, dass ein Meteorologe darüber redet oder ein Experte interviewt wird.* **Wir brauchen alle Bereiche:** *Ob Fiktion, also TV-Serien, Theater, Kino, Zeitungen, Zeitschriften – einfach* **alle Bereiche** *von Sport bis Wirtschaft* **müssen** *in die Klimakommunikation* **involviert sein**.*«*

ÖZDEN TERLI

Meteorologe und
Wettermoderator im ZDF

SPRACHE

Wenn wir vom Klimawandel lesen, dann wirkt das anders, als wenn da Klimakrise, Klimakatastrophe oder Klimanotfall steht.

Wenn wir das Wort *Erwärmung* hören, dann löst das etwas anderes in uns aus als *Erhitzung*.

Ein 1,5-Grad-*Ziel* hat eine völlig andere Konnotation als eine 1,5-Grad-*Grenze*.

Dass es entscheidend ist, mit welchen Worten wir einen Sachverhalt ausdrücken, ist in der Framing-Forschung, einem Teil der Sprachwissenschaft, schon lange bekannt. Framing heißt dabei so viel wie einen Deutungsrahmen setzen.[170] Das Ganze funktioniert über Assoziationen, die automatisch in uns geweckt werden, sobald wir ein bestimmtes Wort hören. Das ist erstmal nichts Schlechtes, denn es hilft uns, Informationen einzuordnen. Wir framen ganz automatisch, wenn wir mit anderen sprechen – oder dieses Buch schreiben. Kritisch wird es, wenn sich bestimmte Unternehmen, Lobbyverbände, Politiker:innen und Medienvertreter:innen diese Funktion unseres Gehirns zunutze machen, um zu manipulieren, zu desinformieren oder bestimmte Emotionen hervorzurufen.

Das passiert beispielsweise, wenn fossile Lobbys und bestimmte Politiker:innen dringend notwendige Klimaschutzmaßnahmen strategisch als Verbotspolitik framen. Oder wenn die Gasindustrie Gas mit teuren Marketingstrategien als klimafreundlichen Energieträger verkaufen will.[171]

Ein klassisches Beispiel ist auch der Begriff *1,5-Grad-Ziel*. Ein Ziel suggeriert etwas Gutes, das man erreichen will. Das ist es nicht, wie wir in den Kapiteln *1,5 vs. 2 Grad* und *Kipppunkte* beschrieben haben. Wir haben uns deshalb dazu entschieden, von einer 1,5-Grad-Grenze zu sprechen.

Mit *Erwärmung* verbinden wir oft etwas Gemütliches, Schönes. Wir sprechen in diesem Buch deshalb von einer globalen Erhitzung, weil das Bild eines überhitzten Planeten näher an der Realität liegt und damit einen aus unserer Sicht treffenderen Deutungsrahmen setzt.

Der anthropogene Klimawandel ist ein Begriff aus der Wissenschaft, der zurecht entpolitisiert ist. Er beschreibt die physikalischen Änderungen im Klimasystem, die durch die globale Erhitzung in Gang gesetzt werden. Wir benutzen den Begriff in diesem Buch vor allem in den Sektionen *Heute* und *Morgen*, weil es dort um die rasanten Veränderungen des Erdsystems geht.

Das Wort *Wandel* weckt dabei aber den Eindruck, als handle es sich um etwas Stetiges, Ungefährliches, möglicherweise sogar Positives.

Wenn wir von den sozialen, politischen und ökologischen Folgen des Klimawandels sprechen, ist deren Bewertung als Klimakrise, Klimagerechtigkeitskrise und Biodiversitätskrise aus unserer Sicht deshalb fast schon zwingend.

Dass wissenschaftliche oder vermeintlich neutrale Begriffe von Medien und Politik in Krisen übersetzt werden, ist dabei durchaus üblich. So wurde aus den Engpässen bei der Energieversorgung durch den russischen Krieg in der Ukraine eine Energiekrise, die COVID-19-Pandemie wurde zur Corona-Krise.

Die Folgen des anthropogenen Klimawandels als eine Katastrophe oder einen Notfall zu bezeichnen, wäre angesichts der Faktenlage mehr als berechtigt. Die Auswirkungen des Klimawandels jedoch als Krisen zu benennen, sollte aus unserer Sicht das absolute Minimum sein.

MEDIEN

Medien kommt in der Klimakrise eine enorm wichtige Funktion zu. Ihre Aufgabe ist es, das tatsächliche Ausmaß der Krise abzubilden und damit ein besseres Bewusstsein dafür zu schaffen. Gleichzeitig sollten sie prüfen, ob die aktuellen politischen Maßnahmen ausreichen, um die 1,5-Grad-Grenze einzuhalten.

Warum berichten die Medien nicht viel dringlicher darüber, wenn Deutschland seine Klimaziele verfehlt, darüber, welche Entscheidungen konkret dazu geführt haben und was die fehlenden Maßnahmen auf nationaler und globaler Ebene bedeuten?

Angemessen über die Klimakrise zu berichten, stellt den Journalismus vor eine riesige Herausforderung.[172] Um dieser gerecht zu werden, müssten Medienschaffende die nationale Verpflichtung zum Pariser Klimaabkommen in fast allen Bereichen konsequent mitdenken: vom Bau einer neuen Umgehungsstraße im Ort über den täglichen Wetterbericht bis hin zur Geldpolitik der Europäischen Zentralbank. Die bisherige Logik, Themen in unterschiedliche Ressorts – wie Wirtschaft, Politik, Wissenschaft oder Lokales – aufzuteilen, funktioniert damit nicht mehr. »Die Klimakrise wird im Journalismus immer noch als ein Thema behandelt und nicht als eine Dimension. Dabei ist sie meistens auf zwei Arten mit fast jedem Thema verknüpft. Einerseits: Welchen Einfluss hat das Thema auf die Klimakrise? Und andererseits: Welchen Einfluss hat die Klimakrise auf dieses Thema?«, sagt die Klimajournalistin und Autorin Sara Schurmann, die sich seit mehreren Jahren für eine klimagerechte Berichterstattung einsetzt, im nachhaltig. kritisch-Podcast. In der *Klimacharta* des von ihr mitgegründeten *Netzwerks Klimajournalismus* wird die Aufgabe des Journalismus in der Klimakrise wie folgt beschrieben: »Klimajournalismus trägt durch Aufklärung zu einem klaren ethischen und ökologischen Ziel bei: dem Erhalt der Lebensgrundlagen für alle Lebewesen auf diesem Planeten.« [173]

Dieser Aufgabe werden private wie öffentlich-rechtliche Medien noch immer nicht gerecht.[174] Woran liegt es, dass die Klimakrise als Dimension im Journalismus noch nicht angekommen ist? Das sei nicht das Verschulden Einzelner, so Sara Schurmann. »Für strukturelle Probleme muss es idealerweise auch strukturelle Lösungen geben. Wir müssen Journalist:innen erstmal den Raum und die Zeit geben, sich damit intensiver auseinanderzusetzen.« Diese Zeit sei im fordernden Redaktionsalltag häufig nicht gegeben. Möglichkeiten, diese

Wissenslücken zu schließen, gibt es immer häufiger: Neben Klimajournalismus-Netzwerken in Deutschland, Österreich und der Schweiz werden auch immer mehr Workshops und Fortbildungen angeboten, die das Thema abbilden. Ein Positivbeispiel im Kontext der Öffentlich-Rechtlichen liefert der Meteorologe und ZDF-Wettermoderator Özden Terli, der die Klimakrise in seinen Wetterberichten konsequent mitdenkt: »Es ist einfach nicht möglich, im Wetterbericht den Kontext zur Klimakrise nicht herzustellen. Dann müsste ich etwas weglassen, das wäre unterlassene Berichterstattung.«

WISSENSCHAFT

Forschende treten immer mehr in die Öffentlichkeit und in das Bewusstsein unserer Gesellschaft. Das zeigt allein die Tatsache, dass mittlerweile die meisten von uns im Schlaf drei verschiedene Virolog:innen nennen könnten. In herausfordernden Zeiten sollen Wissenschaftler:innen in Talkshows sitzen, politische Empfehlungen aussprechen, Interviews geben, am besten auch regelmäßig Tweets absetzen und einen eigenen Podcast haben.[175] Diese Entwicklung wird wohl auch Klima-Forschende immer mehr betreffen. »Wissenschaftskommunikation im Bereich Klima spielt eine sehr wichtige Rolle in der Gesellschaft, denn die Folgen des Klimawandels werden unser Leben immer mehr beeinflussen«, meint Hans

Schipper, Leiter des Süddeutschen Klimabüros am Karlsruher Institut für Technologie (KIT). Wer etwas zum Klimaschutz beitragen wolle, brauche eine klare Vorstellung davon, was am meisten bewirke. Dieses Wissen zu liefern, sei die Aufgabe der Klimakommunikation. Der Schritt in die Öffentlichkeit sei für Klimawissenschaftler:innen dabei nicht immer leicht: »Gerade im Bereich Politik und Medien werden oft klare Aussagen verlangt. Und auch wenn sich der Klimawandel als Ganzes in den wissenschaftlichen Ergebnissen klar abzeichnet, ist im Detail nicht immer alles einfach sofort erklärbar«, so Schipper. Eine Herausforderung in der Klimakommunikation bestehe deshalb darin, den Spagat zwischen Wissenschaft einerseits und Medien und Politik andererseits zu schaffen. Das könne durch beidseitiges Verständnis und Vertrauen erreicht werden.

Wissenschaftler:innen, die sich öffentlich zur Klimakrise äußern, sind im Zweifel noch mit einer weiteren Herausforderung konfrontiert. So wird der Meteorologe und ZDF-Wettermoderator Özden Terli, der seinen Wetterbericht in den Kontext der Klimakrise setzt, regelmäßig von rechten Netzwerken und Klimaforschungsleugnern diffamiert und bedroht. Sein Tipp an andere Wissenschaftler:innen: durchhalten und weitermachen. »Wir brauchen alle und das rasch. Sinnvoll ist es, sich denjenigen anzuschließen, die bereits aktiv sind, um alte Fehler nicht zu wiederholen. Auf keinen Fall einschüchtern lassen, und wenn man doch in die Zielscheibe von Wissenschaftsleugnern gerät – ruhig bleiben, Hilfe suchen und sich vernetzen, damit man nicht alleine dasteht.«

Ergänzend dazu sagt Deutschlands bekannteste Energieökonomin Claudia Kemfert im nachhaltig.kritisch-Podcast:

»Hier geht es um diese Diffamierungskampagnen und gezielte Angriffe auf eine Person, die bestimmte Erkenntnisse in der Öffentlichkeit erläutert, um dann Zweifel an den Erkenntnissen zu säen. Da geht es nicht um die Person an sich, sondern um das, was die Person sagt.«

Die Art und Weise, wie die Klimawissenschaft mit der Öffentlichkeit kommuniziert, hat sich laut Hans Schipper in den letzten Jahren weiterentwickelt. Aus einer Einbahnstraße sei überwiegend eine »Zweibahnstraße« geworden: »Während vor einigen Jahrzehnten versucht wurde, die wissenschaftlichen Ergebnisse so einfach wie möglich darzustellen, findet jetzt vielmehr ein Austausch statt.« Für die Wissenschaft bedeute das: Zuerst zuhören statt erzählen, um eine bessere Anschlussfähigkeit zwischen Wissenschaft und Praxis herzustellen.

LOBBYS

Dass das Geschäftsmodell großer Ölmultis dem Planeten zusetzt, war auch deren Verantwortlichen bewusst – und das viel früher als der breiten Öffentlichkeit. Verschiedene Auswertungen zeigen, dass Exxon, BP, Shell und Total schon Anfang der Achtzigerjahre über das Gefahrenpotential informiert waren, das sich hinter fossilen Brennstoffen verbirgt.[176] Mehr noch: Eine Studie, die im Fachjournal *Science* veröffentlicht wurde, zeigt konkret am Beispiel Exxon, dass die Klimaprojektionen interner Experten genauer waren als seinerzeit die der NASA.[177] Warum sich der Wirtschaftszweig trotz der Unvereinbarkeit mit wirksamem Klimaschutz behaupten konnte, hat vor allem mit der Lobbyarbeit der fossilen Energieindustrie zu tun. Seit den Achtzigerjahren investierten fossile Lobbys in Kampagnen, die den eigenen Einfluss auf die globale Erhitzung verschleiern und herunterspielen sollten. Ein an die Öffentlichkeit gelangter geheimer Aktionsplan Ende der Neunzigerjahre zeigt die Vorgehensweise großer Öl-Firmen mit dem Ziel, Zweifel in Medien und Gesellschaft zu verankern. Die Strategie umfasste die Finanzierung von Forschung, die Beeinflussung von Studien und die Bezahlung von Forschenden.[178] Die Vorgehensweise erinnert an die Tabakindustrie, die mit ähnlichen Mitteln versuchte, die gesundheitlichen Auswirkungen des Rauchens zu vertuschen. Neben ihrem Einfluss auf die Öffentlichkeit wirkt die fossile Lobby auch in die Politik und auf lokale und globale Entscheidungsträger:innen ein, um möglichst lange von der Verbrennung fossiler Brennstoffe zu profitieren und Klimaschutz zu blockieren.[179] [180] »Kapitalkräftige Interessengruppen haben Zweifel in der Öffentlichkeit gesät und die Dringlichkeit der Bedrohung erfolgreich heruntergespielt. Und damit nicht genug, geopolitische Erwägungen haben die Ausarbeitung einer wirksamen globalen Reaktion verhindert«, schreibt dazu der Klimaforscher Stefan Rahmstorf.[181] Da es aufgrund der bereits sichtbaren Folgen, nachweisbar steigenden Temperaturen und wachsendem öffentlichen Druck immer schwieriger wird, den menschengemachten Klimawandel als wissenschaftlich ungesichert darzustellen, hat sich auch die Strategie der fossilen Lobby gewandelt. Heute steht vor allem die grüne Imagepflege im Vordergrund. Ein Beispiel dafür liefert der Energiekonzern RWE, der im Jahr 2021 einen Negativpreis für die *dreisteste Umweltlüge* erhielt. Grund war eine Werbekampagne, die das eigene vermeintlich grüne Kerngeschäft bewarb, obwohl im gleichen Jahr nur etwa 20 Prozent Strom aus erneuerbaren Energien gewonnen wurde.[182] Nur ein Jahr später stand Shell mit dem Werbeversprechen für klimaneutrales Tanken ganz oben auf dem Siegertreppchen. Die Lufthansa musste sich mit dem »grünen« Tarif, der CO_2-neutrale Flugreisen ermöglichen soll, mit Platz 3 begnügen.[183] Für ein grünes Image geben Unternehmen viel Geld aus. Eine Analyse des Think Tanks Influence Maps zeigt, dass große Öl-Unternehmen hunderte Millionen Dollar pro Jahr investieren, um sich als proaktive Player für den Klimaschutz und erneuerbare Energien zu positionieren, während das Kerngeschäft gleichzeitig in starkem Konflikt zu sämtlichen Klimazielen steht.[184] Wie stark die Lobby auf den Klimadiskurs einwirkt, wurde bei der UN-Klimakonferenz (COP 28) in Dubai deutlich, die vom CEO eines großen Öl-Konzerns aus Abu Dhabi geleitet wurde. Zur Konferenz sind nach Angaben von Aktivist:innen mindestens 2.456 Vertreter:innen der fossilen Lobby angereist. Ein absoluter Rekordwert und viermal mehr als bei der COP 27 im ägyptischen Sharm-El-Scheich.[185] Aufgrund solcher trügerischen Praktiken hat Lobbyismus ein schlechtes Image. Im Grunde bezeichnet der Begriff aber einfach das gezielte Vertreten von Interessen gegenüber der Politik und kann – wenn sich die Lobbyisten denn an das Gesetz halten – damit eine demokratiefördernde Funktion einnehmen. Das müssen nicht die Interessen von milliardenschweren Unternehmen sein. Auch NGOs oder Akteur:innen der Zivilgesellschaft können ihre Interessen mit Lobbyarbeit in die Politik tragen. Das Kräfteverhältnis zwischen fossiler- und Klimalobby ist derzeit jedoch alles andere als ausgeglichen. Eine stärkere Umwelt- und Klimagerechtigkeitslobby könnte das Gemeinwohl fördern, indem sie selbst Einfluss auf politische Entscheidungen nimmt.

GREENWASHING

Um festzustellen, dass die Klimakrise im Bewusstsein der Gesellschaft angekommen ist, reicht ein Gang durch unsere Supermärkte. Plötzlich scheinen dort alle Produkte nachhaltig, klimaneutral, recyclebar und vegan zu sein. Diese Entwicklung lässt sich auf den Wunsch vieler Konsument:innen zurückführen, bewusstere Kaufentscheidungen zu treffen. Für rund 60 Prozent der Deutschen beeinflussen Nachhaltigkeitsaspekte die Einkaufsgewohnheiten.[186] Das ruft Unternehmen auf den Plan, die in der Vergangenheit nicht unbedingt durch besonders nachhaltiges Wirtschaften geglänzt haben, jetzt aber ein Stück vom Kuchen abhaben möchten. Dadurch steigt die Gefahr von Greenwashing, also dem Versuch, sich ein grünes Image zu verpassen, obwohl dieser Anspruch hinter der Fassade nicht aufrechterhalten werden kann. Bei Lebensmitteln geschieht das zum Beispiel durch Begriffe, die schön klingen, aber wenig sagen. *Klimafreundlich, aus der Region* oder *nachhaltig*: Diese Bezeichnungen sind rechtlich nicht geschützt und können ganz willkürlich genutzt werden. Die Kirsche auf der Torte bilden dann Unternehmen, die eigene Gütesiegel erfinden, um ihren Produkten eine angebliche Nachhaltigkeit zu attestieren. All diese Techniken machen es den Menschen, die sich nicht nur schnell mal ein gutes Gewissen kaufen wollen, sehr schwer. Für ein Viertel der Deutschen stellt Greenwashing eine Hürde dar, um sich für ein Produkt zu entscheiden.[187] Wer neben den Konsument:innen unter den Geschäftspraktiken leidet, sind Unternehmen, die ihre Lieferkette wirklich von Grund auf nachhaltig gestalten und in der »grünen« Werbeflut untergehen.

Warum ist es so schwer, Unternehmen auf die Schliche zu kommen, die bewusst Verbraucher:innen täuschen? Das liegt auch an der fehlenden Trennschärfe. Wenn eine Fast-Fashion-Modemarke eine nachhaltige Kollektion auf den Markt bringt und diese offensiv bewirbt, oder wenn eine Fast-Food-Kette vegane Burger als das neue Normal anpreist – ist das dann Greenwashing, das vom schmutzigen Kerngeschäft ablenken soll oder ein erster Schritt zu einem nachhaltigen Geschäftsmodell? Die Antwort, wie viel die grünen Versprechen wirklich wert sind, variiert von Fall zu Fall. Dass man aber beim Einkauf keine Zeit hat, Nachhaltigkeitsstrategien und Lieferketten zu recherchieren, sollte klar sein. Es kann definitiv nicht die Aufgabe von Verbraucher:innen sein, im Supermarkt zwischen Ausbeutung und Nicht-Ausbeutung von Natur und Mensch zu entscheiden.

Auch wenn es oft schwer zu durchschauen ist, gilt beim Erkennen von Greenwashing generell: Je unkonkreter Aussagen eines Unternehmens sind, desto misstrauischer sollte man sein. Wenn wir aus den vergangenen Jahrzehnten etwas gelernt haben, dann, dass Klimaziele auch dann nicht unbedingt eingehalten werden, wenn sie gesetzlich bindend sind. Wenn Unternehmen sich daher in ihrer Nachhaltigkeitsstrategie überraschend ambitionierte Ziele setzen, ohne konkrete Maßnahmen zu nennen, darf und muss das kritisch betrachtet werden. Eine Untersuchung des New Climate Instituts fand heraus, dass mehr als die Hälfte der 25 untersuchten Großkonzerne, die sich als Vorreiter in Sachen Klimaschutz positionieren, den anspruchsvollen Zielen ihrer Klimastrategien deutlich bis sehr deutlich hinterherhinken.[188]

Das Europäische Parlament stimmte im Mai 2023 für einen Vorschlag der EU-Kommission, der falsche Umweltaussagen in Zukunft unterbinden soll. Alle Angaben zur Umwelt sollen demnach von einer unabhängigen Stelle geprüft werden. Zudem sollen nur noch Nachhaltigkeitssiegel zugelassen werden, die auf offiziellen Zertifizierungssystemen beruhen oder von staatlicher Seite eingeführt wurden.[189] [190] Was eine gute Nachricht für Verbraucher:innen sein dürfte, wird bei der Deutschen Industrie- und Handelskammer weniger begrüßt. Sie kritisierte den Vorschlag der EU-Kommission, unter anderem weil dieser mit Risiken der »Überregulierung«, »hohen Kosten« und »bürokratischen Strukturen« verbunden sei.[191]

KLIMAGEFÜHLE

*»**Gefühle** haben für unsere Psyche eine **Signalfunktion**, sie zeigen uns an, dass ein **Thema** für uns **von Bedeutung** sein könnte. Insofern sehen wir Klimagefühle, auch die unangenehmen, erst einmal als **eine normale Reaktion** der Psyche **auf eine reale Bedrohung**. Wenn wir sie **ernstnehmen** und **handlungsleitend einsetzen**, können sie zum **Teil der Lösung** werden.«*

LEA DOHM UND MAREIKE SCHULZE

Gründerinnen der Psychologists for Future und tiefenpsychologisch fundierte Psychotherapeutinnen

ABWEHR

All die Fakten aus den vorangegangenen Kapiteln lassen die wenigsten von uns kalt, sobald wir sie uns wirklich bewusst machen. Sie können in uns Gefühle der Machtlosigkeit oder Angst hervorrufen, uns wütend oder traurig machen. Eine weitere häufige Reaktion: die Verdrängung ins Unbewusste.

Bei der Verdrängung handelt es sich um einen Abwehrmechanismus, der zunächst einmal eine wichtige Funktion für uns haben kann. Denn er schützt uns vor unangenehmen Gefühlen und psychischem Ungleichgewicht.[192]

Unangenehme Gefühle empfinden wir zum Beispiel, wenn ein Konflikt zwischen unseren Werten und unseren Handlungen besteht. Möglichst lange gesund bleiben wollen und rauchen, für Menschenrechte sein und Fast Fashion konsumieren, keiner Fliege etwas zuleide tun können und gerne Fleisch essen – all das erzeugt in uns eine Unstimmigkeit, die *kognitive Dissonanz* genannt wird.

Doch im Kontext der Klimakrise ist es wichtig, dass wir die Auswirkungen unserer Handlungen und auch die Fakten selbst nicht (ständig) verdrängen. Denn nur, wenn wir uns die aktuelle Situation ins Bewusstsein holen, können wir auch selbst aktiv werden.

Weshalb viele von uns in Deutschland lebenden Menschen die Folgen der globalen Erhitzung noch so erfolgreich verdrängen können, hat laut Yana Bender, die als Psychologin bei den Psychologists for Future organisiert ist, vor allem einen Grund: »In den meisten Teilen Deutschlands spüren wir die Folgen der globalen Erhitzung, im Gegensatz zu bereits heute betroffenen *MAPA** noch verhältnismäßig wenig. Aus psychologischer Sicht ist es für den Menschen schwierig, sich so abstrakt vorzustellen, was das mal für weitreichende Folgen haben wird.«

Neben der *Verdrängung* gibt es noch zwei weitere Abwehrmechanismen, die im Kontext der Klimakrise greifen können. So gibt es immer noch Menschen, die den menschengemachten Klimawandel *leugnen*. Wer entgegen der erdrückenden Beweislage glaubt oder glauben will, dass die Menschheit mit den aktuellen Klimaveränderungen nichts zu tun hat, kann sich damit praktischerweise auch jeglicher persönlichen Verantwortung entziehen.

Der dritte Abwehrmechanismus ist die sogenannte *Bagatellisierung*, also das Herunterspielen der Auswirkungen der glo-

---

* MAPA steht für Most Affected People and Areas und meint damit die Regionen der Erde, die heute schon besonders vom Klimawandel betroffen sind.

balen Erhitzung. Dazu gehört ein wissenschaftlich nicht begründbarer Optimismus à la »schaffen wir mit links, wird schon nicht so schlimm werden« oder auch das absolute Vertrauen in Technologien, die so noch nicht existieren.

Das bedeutet nicht, dass wir keine Hoffnung empfinden sollten oder dürfen – dazu später mehr. Wichtig ist aber, dass es keine realitätsferne Hoffnung ist, die als Vorwand dient, sich nicht mit dem Thema zu beschäftigen.

ANGST

Wenn sich die Erde um 1,5 Grad erhitzt, werden höchstwahrscheinlich wichtige Kipppunkte überschritten. Naturkatastrophen werden weiter zunehmen, ganze Landstriche werden unbewohnbar sein. Nicht wenige Forschende befürchten mit fortschreitender globaler Erhitzung einen Zusammenbruch unserer komplexen Gesellschaften, Hunger, starke Migrationsbewegungen, Krankheiten und Krieg. Das alles erwartet uns nicht in ein paar hundert Jahren, sondern betrifft vielmehr uns, unsere Kinder und Enkel.

Diese Tatsachen können uns Angst oder Sorgen machen. Es ist sogar normal, dass sie es tun. Eine Umfrage der Bertelsmann-Stiftung zeigt: Ganze 80 Prozent der Jugendlichen zwischen 12 und 18 Jahren sind besorgt über den Klimawandel.[193] 42 Prozent gaben an, sehr besorgt zu sein. Wie also umgehen mit Sorge oder Angst? Können wir, statt in eine Schockstarre zu verfallen, die sogenannte *Klimaangst* konstruktiv nutzen?

Die Psychologists-for-Future-Gründerinnen Lea Dohm und Mareike Schulze raten in ihrem Buch *Klimagefühle: Wie wir an der Umweltkrise wachsen, statt zu verzweifeln* zu drei Schritten im Umgang mit Klimaangst oder Sorge[194]:

1. Die Angst zunächst als Teil von sich annehmen und ihr konkret nachgehen, zum Beispiel indem man sich die Frage stellt: »Was ist es konkret, das mir Angst macht?« Dabei kann es helfen, das angstbesetzte Thema laut auszusprechen. Die bewusste Auseinandersetzung mit der Angst hat das Potential, einen Wachstumsprozess in Gang zu setzen.
2. Der Austausch mit Gleichgesinnten, die die eigenen Sorgen und Ängste teilen. Wenn andere unsere Gedanken verstehen können, erfahren wir eine sogenannte Validierung unserer Gefühle. Diese kann sich als sehr hilfreich im Umgang mit der Angst erweisen.
3. Selbst aktiv werden und sich dafür einsetzen, die Klimakrise noch abzuschwächen. Darin sehen die beiden Psychotherapeutinnen das effektivste Mittel gegen Angst und unterschwellige Sorgen.

SCHULD

Die schlechte Nachricht zuerst: Ein erheblicher Teil unseres heutigen Lebensstandards basiert auf der Ausbeutung von Ressourcen, Tieren und anderen Menschen. Obwohl der Globale Norden historisch gesehen für einen Großteil der Emissionen verantwortlich ist und auch dadurch bis heute viele Privilegien genießt, ist es vor allem der Globale Süden, der die Folgen des Klimawandels heute schon zu spüren bekommt.

All das kann Schuldgefühle in uns auslösen, die berechtigt sind.

Im Idealfall halten diese Gefühle eine wichtige Funktion für uns bereit: Sie können der Antrieb werden, um uns für Veränderungen einzusetzen und unser eigenes Verhalten zu reflektieren. Was dagegen nicht hilft, ist in verzweifelter Selbstanklage zu verharren und vor der unmöglichen Herausforderung zu kapitulieren, ein perfektes Leben nach nachhaltigen Standards führen zu wollen. Denn Perfektion ist in einem politischen System, das die wirtschaftliche Externalisierung von Umweltkosten zulässt und keine ausreichenden Sozial- und Umweltstandards vorgibt, unmöglich.

Das faire Produkt, das wir in den Händen halten, hatte im Zweifel einfach nur ein besseres Marketing. Mit dem Kauf veganer Ersatzprodukte unterstützen wir möglicherweise einen herkömmlichen Fleischproduzenten und damit indirekt auch die Massentierhaltung. Der »grüne« Fondssparplan, den wir bei unserer Bank abgeschlossen haben, unterstützt die Rüstungsindustrie dann wirklich nur ein kleines bisschen.

Ja, wenn alle so weitermachen wie bisher, dann haben wir echt ein großes Problem. Das steht wissenschaftlich außer Frage und es ist deshalb enorm wichtig, dass wir Verantwortung für die Dinge übernehmen, die wir beeinflussen können. Dazu gehören politisches Engagement, Protest, individuelle Verhaltensänderungen oder, nach Möglichkeit, eine entsprechende Berufswahl.

Doch im Hinterkopf zu behalten, dass in diesem System niemand perfekt sein kann, hilft vielleicht, im Umgang miteinander solidarisch zu bleiben und die eigenen Schuldgefühle nicht auf andere zu projizieren.

Es bringt nichts, Rolf zu beschimpfen, weil er jeden Mittag eine Bockwurst für 1,50 Euro isst und sie nicht einfach so durch einen veganen Soja Burger für 5,50 Euro ersetzen möchte. Oder Fabienne aus Mackenzell zu belehren, sie solle doch bitte das Auto stehen lassen, wenn der Bus nur alle Jubeljahre vorbeikommt und die Arbeit gefühlt in einem anderen Bundesland liegt.

Eine moralische Anklage wird das Verhalten anderer Menschen nicht verändern, sondern vielmehr die Fronten verhärten. Außerdem verschwendet das unsere Zeit, weil es vom eigentlichen Problem ablenkt: einem maroden politischen und ökonomischen System, das uns gerade im Angesicht multipler Krisen auf die Füße fällt.

Wenn wir damit beschäftigt sind, uns als Opfer (»Die anderen sind Schuld!«) oder moralische Anklägerin (»Wie könnt ihr nur!«) zu fühlen, dann haben wir selten die Kraft, solidarisch zu handeln, Verständnis füreinander zu haben und gemeinsam das Problem an der Wurzel zu packen.

TRAUER

»Kann es eine echte und dauerhafte ökologische Erneuerung geben ohne einen tiefen Ausdruck der Trauer über all das, was verloren gegangen ist?« Douglas Burton-Christie, Autor[195]

Wenn wir durch einen vertrockneten oder kranken Wald laufen, kann uns ein tiefes Gefühl der Traurigkeit oder Melancholie ergreifen. Besonders häufig ist das der Fall, wenn wir uns noch daran erinnern, wie grün und gesund dieser Wald einmal gewesen ist. Das ist eine völlig normale und nachvollziehbare Reaktion. Die Trauer kann darauf hinweisen, dass eine Bindung zu diesem Ort besteht. Häufig tritt dabei eine Sehnsucht nach der Vergangenheit und ein Widerstand gegen die neuen Gegebenheiten auf.[196] In der Wissenschaft ist dieses Phänomen als *Klimatrauer* bekannt. Wir beklagen dabei ökologische Verluste, die wir entweder erfahren oder erwarten.[197] Das kann das Verschwinden von Arten, Ökosystemen oder bedeutungsvollen Landschaften einschließen, die von der fortschreitenden globalen Erhitzung betroffen sind. Die Form der Trauer tritt besonders häufig bei Menschen auf, die eine enge Beziehung zur Umwelt und der Natur haben, zum Beispiel durch ihren Beruf, ihr Hobby oder ihre Lebensweise.[198]

Was tun, wenn uns ein solches Gefühl der Trauer ergreift? Die Psychotherapeutinnen Lea Dohm und Mareike Schulze raten dazu, das Gefühl aktiv zu durchleben und sich mit anderen darüber auszutauschen. Die allergrößte Spanne an Klimagefühlen erreiche damit ein erträgliches Maß und sei nicht behandlungsbedürftig. Eine ausgewachsene Trauerreaktion, die zum Beispiel entstehen kann, wenn uns das gesamte Ausmaß der Klimakrise bewusst wird, könne dabei im Zweifel einige Wochen, sogar Monate dauern.[199] Im Anschluss daran gibt es zwei Möglichkeiten: Entweder ist die Wahrnehmung so traumatisch, dass sie zu einem Rückzug aus sozialen Aktivitäten oder Freizeitgestaltung führt und soziale Probleme verschlimmert. Oder aber wir finden nach der durchlebten Trauer zu einer inneren Akzeptanz, durch die wir aktiv werden können und die uns zu umweltfreundlicherem Verhalten motiviert.[200]

Wenn die Trauer nicht aufzuhören scheint und/oder den Alltag sehr stark beeinträchtigt, können sich Betroffene auf der Homepage der Psychologists for Future informieren.[201] Dort sind auch Angebote einer kostenfreien Erstberatung verlinkt.

WUT

Während die Verbraucher:innen im Winter 2022 und 2023 zum Energiesparen aufgerufen wurden und teilweise aus Angst vor exorbitanten Kosten im Kalten saßen, ist der Nettogewinn von Exxon im Jahr 2022 aufgrund der gestiegenen Öl- und Gaspreise um 140 Prozent gestiegen. Shell hat mit fast 40 Milliarden Dollar so viel verdient wie noch nie und auch BP hat seinen Gewinn im Vergleich zum Vorjahr mehr als verdoppelt.[202] Fast zeitgleich hat ein weiterer fossiler Riese seine Interessen gegen zehntausende Bürger:innen, Aktivist:innen und Forschende durchgesetzt. Das nordrhein-westfälische Lützerath musste weichen, um den Tagebau Garzweiler auszudehnen. Es scheint, als wäre es dabei mal wieder vor allem um eins gegangen: die Profitinteressen von RWE. Genau der Konzern, der ohnehin schon zu den größten CO_2-Verursachern Europas und den großen Gewinnern der Energiekrise gehört und in der Vergangenheit mit sehr zweifelhaften Lobbypraktiken aufgefallen ist.[203] [204] Man kann schon mal wütend werden, wenn man daran denkt, dass die fossilen Konzerne mit der Zerstörung unseres Planeten Rekordgewinne einfahren dürfen und ihre Interessen für die politischen Entscheidungsträger:innen dennoch wichtiger zu sein scheinen, als die verfassungsrechtlich bindenden Klimaziele einzuhalten.[205]

Wut, Ärger oder Frustration begegnen uns fast zwangsläufig, wenn wir uns mit der Klimakrise beschäftigen. Diese Gefühle sind aber keineswegs etwas Schlechtes. Laut den beiden Psychologists-for-Future-Gründerinnen Lea Dohm und Mareike Schulze seien sie sogar »vielleicht das wichtigste Antriebsmoment der Klimabewegung.«[206] So sei es wichtig, der Wut zunächst Raum zu geben, zum Beispiel indem man laut flucht oder auch zulässt, vor Wut zu weinen. In der Folge sei es dann oft möglich, den Ärger mehr oder weniger konstruktiv an diejenigen zu richten, die ihn (mit) ausgelöst haben und daraus Kraft für politisches oder aktivistisches Engagement zu schöpfen.

Wut zu fühlen, sei für einige Menschen dabei leichter, als zu trauern oder Angst zu haben. Die beiden Psychotherapeutinnen raten deshalb, auch die unter der Wut liegenden Gefühle wahrzunehmen und »die ganze Bandbreite an Gefühlen« zu spüren. Nur so könnten wir langfristig handlungsfähig bleiben.[207]

HOFFNUNG

Die Journalistin und Autorin Kathrin Hartmann, die sich in ihrer Arbeit unter anderem mit Konzernkritik, sozialer Ungleichheit und Umweltschutz beschäftigt, hat auf unsere Frage, ob sie sich in Bezug auf die Klimakrise manchmal machtlos fühle, Folgendes geantwortet: »Es mag paradox klingen, aber ich bin überzeugt davon, dass eine Veränderung möglich ist. Zum einen, weil ich weiß, dass es nicht an Alternativen zum System mangelt, für die man kämpfen kann. Zum anderen, weil ich, gerade in den Ländern des Südens, so viele Menschen kennengelernt habe, die mit Mut, Liebe und Klugheit für eine andere Welt kämpfen, in der es Gerechtigkeit für alle gibt. Diese Überzeugung nicht aufzugeben und solidarisch mit ihnen zu sein, das sind wir ihnen und uns schuldig. Dabei hilft es, sich immer wieder zu fragen: Wer verhindert diese Alternativen und profitiert von den Verhältnissen, wie sie sind? Damit wir wissen, wofür wir kämpfen müssen – und gegen wen.«

Kathrin Hartmann war für ihre Recherchen unter anderem in Bangladesch, Brasilien und am Golf von Mexiko und hat dort hautnah massive Verschmutzung durch Konzerne, grausame Arbeitsbedingungen auf Palmölplantagen und Landraub beobachtet. Wenn sie an einen Systemwandel glauben kann, dann können wir das alle.

Natürlich reicht es nicht aus, einfach nur zu hoffen, dass schon alles gut ausgeht, dass wir die Folgen der Klimakrise doch noch erfolgreich abschwächen und irgendwo in der Nähe der 1,5-Grad-Grenze landen. Diese Art unrealistischen Hoffens kann vielmehr eine Form von Abwehr und Vermeidung sein.

Doch was passiert, wenn wir ins Gegenteil, also in Hoffnungslosigkeit, verfallen? Sie kann zu Untätigkeit, sogar innerer Kapitulation führen. Eine »Bringt doch eh nichts«-Einstellung kann zur Folge haben, erst recht in klimaschädliches Handeln zu verfallen, aber auch zu tiefer Verzweiflung bis hin zu Depressionen führen.[208] Das Problem mit der Hoffnung in der Klimakrise ist vor allem eins: Als einzelne Person haben wir letztendlich wenig Einfluss auf den tatsächlichen Ausgang. Trotzdem gibt es natürlich immer wieder Momente, in denen wir Hoffnung schöpfen. Medienschaffende schließen sich zusammen, um sich über die Berichterstattung zur Klimakrise auszutauschen und zu informieren.[209] Das Thema verankert sich immer mehr im Bewusstsein der Menschen. Immer mehr Startups fokussieren sich auf soziale und ökologische Problemstellungen.[210] Junge Menschen riskieren ihre

Karriere und sogar ihre Freiheit, um für Klimaschutz und Klimagerechtigkeit einzustehen.

»Hoffnung verläuft – wie andere Gefühle auch – in Wellen und kann sich immer wieder mit Enttäuschung und Frustration abwechseln. Das ist wenig verwunderlich, da Hoffnung immer wieder mit gewissen Erwartungen hinsichtlich des Ausgangs verknüpft ist – und Erwartung und Enttäuschung sind wie siamesische Zwillinge, sie kommen immer gemeinsam«, schreiben die beiden Psychotherapeutinnen Lea Dohm und Mareike Schulze in ihrem Buch *Klimagefühle*.

Sich manchmal hoffnungslos zu fühlen, sei dabei völlig normal. Doch der nächste Moment, in dem wir Hoffnung schöpfen, kommt bestimmt – »und dann kann und muss es weitergehen.«

MYTHEN

»Nur **wenn Halbwissen beseitigt wird,** *sind wir* **erfolgreich mit der Erreichung unserer Klimaschutzziele.**«

MICHAEL STERNER

Professor an der OTH Regensburg und Berater der Bundesregierung und der EU-Kommission in Energiefragen

STAUBSAUGER

In unserer Atmosphäre befindet sich zu viel CO_2, und Jahr für Jahr kommt mehr dazu.

Wäre es da nicht praktisch, wenn es eine Technologie gäbe, die das unerwünschte Treibhausgas einfach wieder aus der Luft saugt und irgendwo speichert? Ein Superstaubsauger quasi!

Schade, auf den Gedanken sind nicht nur wir gekommen. Wissenschaftlich nennt sich das Ganze *Direct Air Carbon Capture and Storage*, also eine direkte Entnahme und Speicherung des Kohlendioxids aus der Luft. Neben dieser, nennen wir es mal Superstaubsauger-Methode, gibt es noch weitere Konzepte der nachträglichen Kohlendioxid-Entfernung.

Dazu gehört auch ein Beispiel, das in diesem Zusammenhang etwas oldschool klingt: die Aufforstung.

Doch zurück zu den spannenden Technologien. Wenn es mit dem Superstaubsauger und seinen Freunden also möglich sein soll, nachträglich Emissionen zu kompensieren, könnten wir uns dann nicht noch ein bisschen Zeit lassen mit dem Ausstieg aus fossilen Brennstoffen? Oder einfach genauso weitermachen wie bisher?

Leider nein. Denn beim genaueren Hinsehen ist insbesondere der Superstaubsauger (noch) gar nicht so super, im Sinne von: marktreif, effizient, klimafreundlich oder auch nur annähernd in relevantem Ausmaß verfügbar.[211] Dasselbe gilt für die ebenfalls viel diskutierten Technologien des Carbon Capture, Usage and Storage, bei denen Kohlenstoff-Emissionen, die zum Beispiel bei industriellen Prozessen entstehen, abgeschieden und dann entweder gespeichert oder stofflich genutzt werden. Sie alle bringen erhebliche finanzielle und energetische Kosten sowie (teilweise) geopolitische Risiken mit sich.

Zwar werden wir auf die meisten dieser Verfahren angewiesen sein, wenn wir Ende des Jahrhunderts bei einer Erhitzung von unter 2 Grad landen wollen.[212] [213] Doch mit den aktuell unreifen und unsicheren technologischen Verfahren ein *Weiter-so* rechtfertigen zu wollen, ist etwa so, wie bei der Endzeit-Dramedy *Don't Look Up* zu hoffen, dass die eine, völlig unerprobte Idee des Tech-CEOs schon irgendwie den riesigen Meteoriten aufhält, der in kurzer Zeit auf der Erde einschlagen wird. Bei so einer wichtigen Sache wäre es Wahnsinn, auf eine einzige Karte zu setzen. Deshalb gilt: Je früher wir die Emissionen mindern, desto weniger sind wir auf Verfahren der Kohlendioxid-Entfernung angewiesen.[214] Oder anders gesagt:

Der zukünftige Einsatz von Technologien darf kein Ersatz dafür sein, schon heute umfassenden Klimaschutz zu betreiben.

Fazit: Der Superstaubsauger ist zwar kein Mythos, doch er ist auch nicht die Wunderwaffe, für die er zuweilen verkauft wird.[215] [216] Dennoch bleiben die Kohlendioxid-Entfernung und ähnliche Technologien unverzichtbare Bestandteile der geplanten Dekarbonisierung. Mit der Zeit und entsprechender Förderung ist außerdem davon auszugehen, dass die Technologien besser werden. Das wäre eine sehr gute Nachricht. Denn dann könnten wir damit mögliche Restemissionen ausgleichen oder bestehende Treibhausgase aus der Atmosphäre ziehen. Technologischer Fortschritt muss dabei nicht nur wenigen Menschen riesige Profite einfahren und vorrangig den reichen Ländern Vorteile bringen. Vielmehr könnte er auch in den Dienst von Mensch und Natur gestellt werden. Um das zu erreichen, müsste er jedoch Hand in Hand mit einer gesellschaftlichen, wirtschaftlichen und politischen Transformation gehen.

SPALTUNG

In den Sozialen Netzwerken ähneln Kommentarspalten derzeit häufig dem Niveau einer Kneipenschlägerei. In der Kneipe gewinnt der mit den dicksten Oberarmen, im Internet der, der die meisten Großbuchstaben benutzt. Natürlich sind gesellschaftliche Konflikte, auch die erbitterten, kein Phänomen der letzten paar Jahre. Öffentlich zu streiten, ist ein Privileg der Demokratie. Dennoch: Gefühlt werden die Diskussionen schärfer, die Urteile endgültiger. Knapp über die Hälfte der Deutschen ist laut einer Umfrage des Allensbach-Instituts der Ansicht, die Gesellschaft in Deutschland sei gespalten.[217] Stimmt das wirklich?

Gesellschaftliche Spaltung klingt irgendwie schlimm, endgültig, so, als sollte man da dringend was unternehmen. Gleichzeitig ist der Begriff ähnlich nebulös wie die Schlussmach-Floskel »Es liegt nicht an dir, sondern an mir«. Ok. Aber hä?

Ein nicht klar definierter Begriff sagt wenig bis nichts aus und hat außerdem das Potential, für politische Zwecke instrumentalisiert zu werden. Wenn wir tatsächlich prüfen wollen, ob es in Deutschland eine gesellschaftliche Spaltung gibt, dann müssen wir begrifflich erstmal genau werden: Soll es sich um eine soziale Spaltung handeln? Eine politische? Eine wirtschaftliche? Eine sozio-kulturelle?[218]

Zudem sollten wir genau wissen, wie wir solche Spaltungstendenzen messen wollen. Soll untersucht werden, ob die Meinungen zu bestimmten Themen im Laufe der Zeit immer weiter auseinanderdriften? Oder wollen wir wissen, ob diese Meinungsextreme mit einer gegenseitigen Entfremdung einhergehen?

Eine Studie des Mercator Forum Migration und Demokratie hat sich auf letztere Fragestellung konzentriert. Dort heißt es: »Erst wenn aus politischen Gegnern Feinde werden, erreicht gesellschaftliche Polarisierung ihr demokratiegefährdendes Potential.«[219] Um diese emotionale Ablehnung zu messen, sind rund 20.000 Menschen aus zehn Mitgliedsstaaten der EU befragt worden. Sie haben Fragen zu Themen beantwortet, die ein hohes Polarisierungspotential aufweisen, darunter *Klimawandel*, *Zuwanderung* und *Gleichstellung*. Das Ergebnis: Insbesondere die Themen *Migration* und *Klimawandel* polarisieren Menschen in Europa. Die Befragten tendierten demnach bei diesen Themen am stärksten dazu, Personen mit ähnlichen Ansichten als sehr »wohlgesonnen und positiv«, Personen mit abweichenden Meinungen hingegen als sehr »kühl und negativ« zu beurteilen.

Deutschland befindet sich dabei im europäischen Mittelfeld. Am deutlich stärksten polarisiert sind laut Studie Befragte in Italien, gefolgt von Griechenland.

Eine weitere Studie hat sich auf die Frage konzentriert, ob die Ansichten in Deutschland zu bestimmten Themen im Laufe der Zeit auseinandergehen. Dafür haben die Autorinnen vier Schlüsselthemen im Zeitraum 1989 bis 2019 untersucht, die eng mit der Globalisierung verbunden sind: *Einwanderung*, die *Europäische Union*, *wirtschaftlicher Liberalismus* und *Umwelt*. Die Studie kommt zu dem Ergebnis, dass im Untersuchungszeitraum keine Anzeichen für eine zunehmende Polarisierung bestehen, obwohl die Themen *Einwanderung* und *Umwelt* an Bedeutung gewonnen haben. Somit gebe es keine Grundlage dafür, die deutsche Gesellschaft als polarisiert zu beschreiben.[220]

Und damit kommen wir zu einem wenig aufregenden und emotionalisierenden Fazit: Ja, wir mögen uns häufig so fühlen, als würde eine tiefe Kluft durch unsere Gesellschaft laufen. Doch in diesem Durcheinander an Emotionen, Wut und Angst ist es wichtig, gesellschaftliche Entwicklungen nicht nur zu fühlen, sondern auch zu belegen. Was wir auf X, ehemals Twitter, oder Facebook lesen oder in Talkshows sehen, bildet nicht das gesamte Spektrum unserer Gesellschaft ab. Was in populistischen Medien veröffentlicht wird, spiegelt nicht die Vielfalt unserer Gesellschaft wider. Selbst Umfrageergebnisse stellen nicht die Gesamtheit unserer Gesellschaft dar. Wenn wir über Spaltungstendenzen in Deutschland sprechen wollen, dann müssen wir diese sehr genau spezifizieren, weil sie sonst unglaubwürdig sind.

Das bedeutet jedoch nicht, dass kein Grund zur Sorge besteht. Dass gerade bei den gesellschaftlich entscheidenden

Themen *Klimawandel* und *Zuwanderung* ein hohes Polarisierungspotential besteht, ist kein gutes Zeichen. Zwar führen die Deutschen das traurige Rennen um das größte Maß an Polarisierung nicht an. Doch der große Erfolg der AfD mit eindeutigen Positionen zu den beiden Streitthemen lässt vermuten, dass die Polarisierung auch in Deutschland weiter steigen könnte.

STEINZEIT

Katapultiert uns konsequenter Klimaschutz zurück in die Steinzeit? In privaten und politischen Diskussionen wird immer wieder die vermeintliche Unvereinbarkeit von Klimaschutz und Wohlstand hervorgeholt.[221] Dieses Argument ist falsch – es sei denn, man ist 98 Jahre alt, hat keine Nachkommen und findet den Planeten alles in allem auch nicht besonders schützenswert.

Ohne zusätzliche Klimaschutzmaßnahmen wird die globale Wirtschaft bis Ende des Jahrhunderts bis zu 20 Prozent einbrechen.[222 223]

Selbst ein kurzfristiges Wirtschaftswachstum bedeutet dabei aber nicht zwingend, dass gleichzeitig auch der gesamtgesellschaftliche Wohlstand wächst. Das bekannteste Messinstrument dafür ist das Bruttoinlandsprodukt (BIP). Es misst die wirtschaftliche Leistung einer Volkswirtschaft, indem es den Wert aller Waren und Dienstleistungen zusammenzählt und die Güter und Dienstleistungen abzieht, die zu deren Herstellung benötigt wurden. Die Idee: Steigt das BIP, wächst die Volkswirtschaft und damit auch der gesamtgesellschaftliche Wohlstand. Doch an diesem Indikator gibt es Kritik. Sorge- und Pflegearbeit sind darin ebenso wenig enthalten wie ehrenamtliches Engagement. Umweltschädliche Wirtschaftsaktivitäten, die der Gesellschaft und Artenvielfalt schon heute immens schaden, werden dagegen mit eingerechnet. Letztlich wird ein unendliches Wirtschaftswachstum schon durch die Tatsache entscheidend gefährdet, dass wir auf einem Planeten mit endlichen Ressourcen leben.[224] Aus diesem Grund fordern Forschende schon lange alternative Wohlstandsindikatoren, die in Ergänzung zur wirtschaftlichen Leistung auch andere Faktoren berücksichtigen.[225] Das können neben dem Pro-Kopf-Einkommen auch Faktoren wie die Lebenserwartung, Gesundheit, Bildung, gesellschaftliche Großherzigkeit, soziale Teilhabe oder Umweltqualität sein.[226 227] Das Spannende daran: Umfassende Klimaschutzmaßnahmen wirken sich auf fast alle dieser Faktoren positiv aus. Mit einem *Weiter-so* wird es dagegen einige Reibungspunkte geben. »Wenn wir weiterhin am jetzigen Wohlstandsmodell festhalten, das uns billiges Fleisch, Benzin, Flüge und ein Eigenheim auf dem Land verspricht, dann wird das durch den Klimaschutz unter Druck geraten«, so der Politikwissenschaftler Ulrich Brand.[228] Wenn Wörter wie Fleisch, Flüge und Benzin fallen, dann schrillen bei vielen Menschen die Alarmglocken. Müssen wir denn jetzt auf alles verzichten, was Spaß macht? Das Wort *Verzicht* ist für viele von uns extrem negativ besetzt. Dahinter steckt jedoch mehr als die aufgeladenen Debatten über Diesel-SUV, Massentierhaltung und Billigflüge. Es ist ein neoliberalistischer Mythos, dass Verzicht immer etwas Schlechtes ist und uns von Geburt an alles zusteht, was wir haben wollen. Wir würden auf fettiges Essen verzichten, wenn unser Cholesterinspiegel in lebensgefährliche Höhen schnellt. Wir würden aufhören zu rauchen, wenn uns Lungenkrebs diagnostiziert werden würde. Genauso wäre es weitaus angenehmer, einige unserer Gewohnheiten umzustellen, wenn wir dafür das Ausmaß der Klimakrise begrenzen könnten.

Ein gezielter kollektiver Verzicht kann dem Begriff Wohlstand eine neue Bedeutung geben, wenn er dann nicht mehr auf der Ausbeutung von Menschen, Natur und Ressourcen basiert.

Im Klartext heißt das: Ja, wir werden viele Dinge verändern und überdenken müssen, die auch unsere Lebensweise und Privilegien betreffen – wenn sie in ihrem Kern unvereinbar sind mit Klimaschutz und einem Leben in Frieden und dem Fortbestand der Zivilisation, wie wir sie kennen.[229] Diese Transformation eröffnet aber auch die Chance, einen neuen gesellschaftlichen Fokus auf Wohlbefinden, Gesundheit, Zusammenhalt und eine intakte Natur zu legen. Wie auch immer eine solche Gesellschaft aussehen könnte: Wir müssen das Feuer dort nicht neu entdecken. Und zurück in die dunkle Höhle muss auch niemand.

KOSTEN

Klimaschutz: Nette Idee, aber leider nicht umsetzbar! Das kostet zu viel! Da hängen zu viele Jobs dran! Typische Gen-Z-Gratismentalität! Außer Deutschland macht das kein Land auf der Welt! Wir müssen das vernünftig angehen. Auf keinen Fall was überstürzen!

Diese und weitere Argumente kommen vermutlich vielen bekannt vor. Und auch wenn es schade ist, dass für manche Menschen selbst unsere Lebensgrundlage eine volkswirtschaftliche Berechtigung braucht, ist es doch unbestreitbar wichtig zu kalkulieren, was in den nächsten Jahrzehnten kostentechnisch auf uns zukommt, wenn wir:

- in teure Klimaschutz- und Anpassungsmaßnahmen investieren

oder

- der Klimakrise ihren Lauf lassen und abwarten, was passiert.

Die Berechnung dieser beiden Möglichkeiten – und vieler Szenarien dazwischen – beschäftigt deshalb Wissenschaftler:innen aus aller Welt. Wir haben unzählige Stunden damit verbracht, all ihre Forschungsergebnisse auf sechs Worte zu reduzieren:

KEIN KLIMASCHUTZ IST TEURER ALS KLIMASCHUTZ.

Hier könnten wir eigentlich einen Punkt setzen und das Kapitel beenden, aber wir führen das lieber trotzdem nochmal weiter aus.

Im Jahr 2006 hat der *Stern-Report* des damaligen Weltbank-Ökonoms Nicholas Stern riesige Wellen geschlagen. Darin rechnete er vor, dass die Kosten für die Stabilisierung des Klimas zwar beträchtlich seien, eine Verzögerung jedoch gefährlich und viel kostspieliger.[230] Die Schäden der globalen Erhitzung bezifferte er jährlich auf bis zu 20 Prozent des globalen Bruttoinlandsprodukts.

Fünfzehn Jahre später sieht Stern seine Erkenntnisse mehr als bestätigt: »Erstens sind die Erkenntnisse der Wissenschaft immer beunruhigender. Die Treibhausgasemissionen haben weiter zugenommen. Es gibt Hinweise darauf, dass die Auswirkungen des Klimawandels schneller und mit größerer Intensität eintreten als erwartet«, schreibt er 2022 im *Economic Journal.*[231] Die Kosten des Handelns seien zudem gemeinsam mit den Kosten für den Einsatz erneuerbarer Energien gesunken.

Wie viel kostet Deutschland die globale Erhitzung? Laut Umweltbundesamt haben die deutschen Treibhausgas- und Luftschadstoff-Emissionen in den Bereichen Straßenverkehr, Strom- und Wärmeerzeugung im Jahr 2021 Kosten in Höhe von mindestens 241 Milliarden Euro* verursacht.[232] Bis 2050 könnten uns extreme Wetterphänomene bis zu 900 Milliarden Euro kosten, wie der im Februar 2022 veröffentlichte Research Report der Gesellschaft für Wissenschaftliche Strukturforschung (GWS) ausgerechnet hat.[233] Eine große Rolle spielen dabei zerstörte Gebäude und Infrastrukturen, Ernteausfälle und Hochwasserkatastrophen. Doch die volkswirtschaftlichen Schäden gehen weit über diese direkten materiellen Folgekosten hinaus. Fallen in anderen Ländern durch starke Hitze Arbeiter:innen aus oder werden dort wichtige Infrastrukturen überschwemmt, so kommt es zu Lieferverzögerungen und Produktionseinbußen, die Deutschland als Import- und Exportland stark betreffen. Die hier anfallenden sogenannten indirekten materiellen Klimaschäden könnten die direkten Schäden noch weit übertreffen. Die Wahrnehmung dieser Kosten wird laut dem Bundesministerium für Wirtschaft und Klimaschutz (BMWK) aber dadurch erschwert, dass die Schäden schwieriger quantifizier- und zuordenbar sind.[234] Und dann gibt es Schäden, die nur schwer mit Geld beziffert werden können. Beispielsweise, wenn es aufgrund von Hitze oder Hochwasser zu Todesfällen kommt. Wenn durch die heißen Temperaturen die Gesundheit und das Wohlergehen von Menschen beeinträchtigt wird. Wenn Erholungsorte verschwinden, weil der naheliegende Wald abstirbt und der

* Die Zahlen beziehen sich auf die Kaufkraft 2023.

Fluss im Nachbarort austrocknet. Oder wenn Ökosystemleistungen verloren gehen, Arten aussterben oder durch den Verlust von Lebensräumen gefährdet sind. Diese direkten und indirekten immateriellen Folgekosten und insbesondere der Verlust von Biodiversität können fatale Auswirkungen für die Menschen haben (siehe Kapitel *Biodiversität, Boden, Tierhaltung* und *Landwirtschaft*).

Immer mehr Initiativen bemühen sich darum, möglichst genaue Kostensätze für diese Umweltschäden zu ermitteln. Das Ziel: den monetären Verlust für uns als Gesellschaft zu ermitteln.

Aus einer volkswirtschaftlichen Sicht ergibt dieses Vorgehen Sinn, denn nur so können die Schäden vergleichbar und möglicherweise auch besser greifbar gemacht werden. Als Gegenargument könnte angeführt werden, dass ein Menschenleben einerseits und der Erhalt von Biodiversität und Natur andererseits auch einen Wert haben, der für sich steht und nicht in Geld ausgedrückt werden kann.

Erschwert wird die Ermittlung entsprechender Kostensätze auch dadurch, dass noch gar nicht genau erforscht ist, welche Auswirkungen das Aussterben bestimmter Arten haben wird. Sie können sich deshalb der Realität immer nur annähern.

Die Schäden der globalen Erhitzung, die wir mit Geld ausdrücken können, könnten uns bis 2050 900 Milliarden Euro kosten. Das ist aber die Untergrenze, wie auch die Autor:innen der zuvor genannten Studie erklären. Intakte Ökosysteme, Artenvielfalt, genug Trinkwasser und Milliarden von Menschenleben, die durch die Klimakrise gefährdet sind: unbezahlbar.

ABER CHINA

Häufig hört man das Argument, dass es nichts bringen würde, wenn nur Deutschland sich an ein festes CO_2-Budget hält, das in Einklang mit dem Pariser Klimaabkommen steht. Wenn China, Indien und nicht zuletzt die USA fleißig weiter Kohle verfeuern, warum sollten wir es dann in Deutschland nicht auch dürfen?

Stellen wir uns einmal vor, alle Länder der Welt würden auf einem zugefrorenen See stehen und dort auf- und abhüpfen. Manche Länder hüpfen weitaus höher und stärker, andere dagegen kaum. Es haben sich bereits mehrere tiefe Risse gebildet. Das Risiko, dass alle einbrechen, steigt mit jedem Sprung. Ist es in diesem Fall sinnvoll, selbst erst aufzuhören zu hüpfen, wenn alle anderen Länder vorher aufgehört haben?

Deutschland hat aktuell einen Anteil von etwa 1,5 Prozent an den weltweiten Kohlendioxid-Emissionen.[235] Das klingt erstmal wenig und wird deshalb gerne als Argument dafür benutzt, überhaupt nichts oder zu wenig zu unternehmen. Allerdings emittieren nur zehn Länder auf der Welt mehr Kohlendioxid als Deutschland – und das, obwohl wir nur etwa ein Prozent der Weltbevölkerung ausmachen. Wenn wir nicht anfangen etwas zu ändern, was sollen dann die anderen 184 der von der UNO anerkannten Länder sagen, die weniger Kohlendioxid ausstoßen als wir? In Deutschland verursacht eine Durchschnittsperson mehr Emissionen als in Frankreich, Monaco, Kenia und der Demokratischen Republik Kongo zusammen.[236]

Auch die historische Perspektive spricht dafür, dass Deutschland und die westlichen Industrienationen mit dem Umbau des fossilen Energiesystems vorangehen sollten. Denn deren heutiger Wohlstand gründet auch darauf, dass sie lange Zeit beliebig viel Kohlendioxid emittieren konnten und damit fast unbegrenzt billige Energie zur Verfügung hatten. Die USA haben im Zeitraum 1750 bis 2021 rund 422 Milliarden Tonnen CO_2 ausgestoßen, gefolgt von der EU mit 293 Milliarden Tonnen. China kommt mit rund 249 Milliarden Tonnen CO_2 an dritter Stelle.[237] Damit trägt auch China eine enorme Verantwortung, die mit jedem Jahr weiter steigt.[238] Die Hauptverantwortung für die globale Erhitzung liegt historisch gesehen jedoch bei Europa und Nordamerika. Deutschland emittiert dabei deutlich mehr als jedes andere europäische Land und könnte damit eine besondere Verpflichtung haben, mit einer Dekarbonisierung voranzugehen.[239] Letztlich ist der deutsche Staat ganz einfach rechtlich dazu verpflichtet, die eigenen Klimaziele ohne den Blick auf andere Länder einzuhalten.[240] Laut Bundesverfassungsgericht kann er sich ausdrücklich »seiner Verantwortung nicht durch den Hinweis auf die Treibhausgasemissionen in anderen Staaten entziehen.«[241]

CO_2-EMISSIONEN

laufende Summe der Emissionen durch fossile Brennstoffe und die Industrie* seit 1750, in Millionen Tonnen

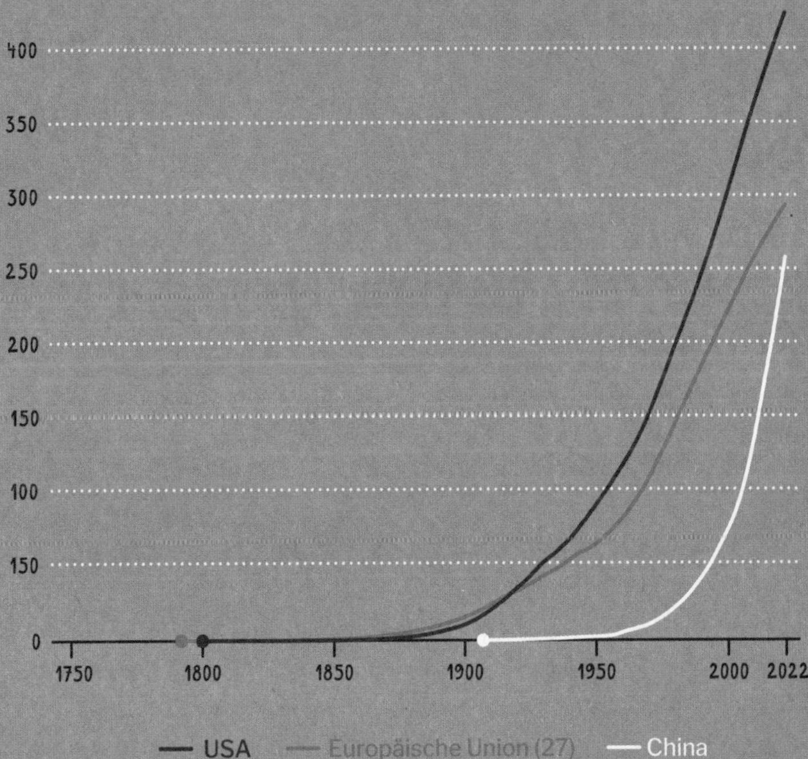

* Fossiles CO_2 umfasst Emissionen aus Kohle, Öl, Gas, Abfackeln, Zement, Stahl und anderen industriellen Prozessen. Zu den fossilen Emissionen zählen keine Landnutzungsänderungen, Entwaldung, Böden oder Vegetation.

VOGELKILLER

Elektromagnetische Strahlung, krankmachender Infraschall, gefährliche Vogelfalle: Um Windkraft, Solarmodule und Co. ranken sich hartnäckige Mythen. Besonders Windräder werden dabei für ziemlich alles verantwortlich gemacht. So sollen sie Dürren hervorrufen, Stürme verursachen und zahlreiche seltene Vogelarten an den Rand der Ausrottung drängen.

Natürlich ist es kein Mythos, dass Vögel, Insekten und Fledermäuse durch Windkraftanlagen ums Leben kommen. Die Zahl der jährlich getöteten Vögel ist dabei jedoch sehr schwer zu bestimmen. Immer wieder wird in Medienberichten eine Schätzung aus dem Jahr 2012 zitiert, die besagt, dass in Deutschland zwischen 10.000 und 100.000 Vögel pro Jahr durch Windkraftanlagen getötet würden.[242] [243] Doch abgesehen davon, dass Zweifel an der Schätzung bestehen, wäre sie heute wohl sowieso veraltet.

Was sicher ist: Für ein Massensterben sind Windkraftanlagen nicht verantwortlich. Hauskatzen haben da deutlich mehr Vögel auf dem Gewissen – eine in *nature communications* veröffentlichte Studie im Jahr 2013 schätzt, dass sie in den USA für den Tod von bis zu 4 Milliarden Vögeln pro Jahr verantwortlich sind.[244] Nichts gegen Katzen, aber wann haben die sich eigentlich mal in der bedrohlichsten Krise der Menschheit nützlich gemacht? Spannend ist auch, dass in der Debatte um Windkraft plötzlich sämtliche Populisten zu Umweltschützern und Hobby-Ornithologen werden.[245] [246] Dass im Zuge der von ihnen gezielt kleingeredeten globalen Erhitzung gleich mehrere Vogelarten ihren Lebensraum verlieren, wird in diesem Narrativ gerne verschwiegen.

Wie kommt es, dass so viele Mythen zu erneuerbaren Energien im Umlauf sind und warum halten sie sich so hartnäckig, obwohl sie schon so oft entschärft und widerlegt wurden? Das liegt auch an der Arbeit von Anti-Windkraft-Lobby und Anti-Energiewende-Vereinen, die in Gemeinden mit strategischen Kampagnen für Misstrauen sorgen. Dabei geht es (leider) nicht vorrangig um die Liebe zu Mäusebussard und Rotmilan, sondern darum, Desinformation zu streuen und Zweifel zu säen.[247] Eingebettet sind diese Verbände in ein ganzes Konstrukt von Klimaforschungsleugnern mit dem Ziel, über vermeintliche Experten und mit faktisch falschen Argumenten den menschengemachten Klimawandel zu bezweifeln.[248]

»Bestimmte Interessengruppen tarnen sich als Wissenschaft. Es werden eigene Institute gegründet, die so aussehen, als wären es wissenschaftliche Institute. Es werden Personen geschult, die dann in der Öffentlichkeit auftreten und alles Mögliche behaupten«, sagt uns dazu die Energieökonomin Claudia Kemfert. Letztendlich sollten damit Zweifel gesät und der Eindruck erweckt werden, es gäbe andere wissenschaftliche Erkenntnisse. Ohne Windkraft wird die Energiewende nicht gelingen. Ja, mehr Windkraftanlagen heißen auch mehr tote Vögel, und jeder tote Vogel ist einer zu viel. Doch es gibt Ansätze, um die Zahl der Kollisionen möglichst gering zu halten. So haben Forschende Hotspots in Europa identifiziert, an denen Vögel besonders gefährdet sind.[249] Diese können in der Planung von Windkraftanlagen berücksichtigt werden. Eine weitere, mancherorts schon umgesetzte Option ist es, die Windkraftanlagen während der Brut- und Ausflugszeiten auszuschalten.

Fest steht: Klima- und Artenschutz dürfen in der Debatte um erneuerbare Energien nicht gegeneinander ausgespielt werden. Die beiden Ziele stehen nicht in Konflikt zueinander, sondern bedingen und ergänzen sich. Mit wissenschaftlicher Aufklärung gegen die Mythen der Energiewende vorzugehen, sei deshalb essentiell, so Michael Sterner, Autor und Berater der Bundesregierung in Energiefragen. Denn: »Mit diesen Mythen wird massiv gegen den Klimaschutz und die Energiewende gearbeitet und wichtige Maßnahmen verhindert.«

FESTE SEIFE

Ist eine Bambuszahnbürste wirklich besser als die Alternative aus Plastik? Welche Autofahrt könnte ich heute mit dem Fahrrad erledigen? Welche Siegel können wirklich eine faire Lieferkette garantieren? Sich mit den ökologischen und sozialen Auswirkungen des eigenen Lebensstils zu beschäftigen und Verantwortung dafür zu übernehmen, ist enorm wichtig.[250] Doch dass uns die Kontrolle global gerade entgleitet, liegt nicht daran, dass wir letzte Woche dann doch mit schlechtem Gewissen das Gemüse im Plastikbeutelchen gekauft haben.

Diese Krise verantworten etwa 90 Unternehmen, darunter Chevron, Exxon Mobil, BP, Shell, Total und RWE, die von 1854 bis 2010 für fast zwei Drittel aller vom Menschen verursachten Kohlendioxid- und Methanemissionen verantwortlich waren, während deren Lobbys jahrzehntelang versuchten, die wahren Kosten für den Planeten zu verschleiern (siehe Kapitel *Lobbys*).[251] Verantwortung tragen auch die Politiker:innen, die sich direkt oder indirekt von der fossilen Lobby kaufen lassen, beispielsweise indem sie nach ihrer politischen Karriere in auffallend gut bezahlte Vorstands- und Aufsichtsratsposten rutschen.[252] In demokratischen Ländern trägt letztlich auch das gesellschaftliche Kollektiv eine Mitverantwortung, nämlich dann, wenn die Politik der fehlenden Klimaschutzmaßnahmen mit einer Mehrheit der Stimmen legitimiert wird.

Doch zurück zum Gemüse im Plastikbeutelchen. Im Jahr 2004 investierte die Ölfirma BP 250 Millionen Dollar, um ein Konzept bekannt zu machen, das unser Denken bis heute zu großen Teilen prägt: der ökologische Fußabdruck. Auf einem Internetportal konnten Bürger:innen die Emissionen ihres Alltags berechnen und damit an ein paar kleinen Stellschrauben drehen, um ihren Alltag etwas nachhaltiger zu gestalten. Während die fossilen Konzerne an ihrer eigenen Praxis nichts änderten und weiter die entscheidenden Mengen an Kohlendioxid emittierten, versteht sich. Das Ziel der gigantischen PR-Kampagne liegt auf der Hand: die Verantwortung von den fossilen Unternehmen hin zu den einzelnen Verbraucher:innen zu verlagern.[253] Die Idee, dass wir mit unserem eigenen Konsum die Welt retten oder ins Verderben stürzen können, passt gut zum radikalen Individualismus unserer Zeit. Doch selbst wer vegan lebt, nie fliegt, kein Auto besitzt und auf 20 Quadratmetern wohnt, liegt mit an Sicherheit grenzender Wahrscheinlichkeit über dem Höchstwert von 3 Tonnen CO_2 pro

Jahr, die jeder Mensch auf der Welt eigentlich nur noch emittieren dürfte, um das Pariser Klimaabkommen einzuhalten.[254]

Das bedeutet nicht, dass wir uns jetzt zurücklehnen und darauf warten sollten, dass sich die politischen Rahmenbedingungen von selbst ändern. Oder dass wir keine Verantwortung für die Auswirkungen unseres Lebensstils übernehmen müssen.

Doch um den aktuellen Herausforderungen unserer Zeit wirkungsvoll zu begegnen, ist es notwendig, auch über den Tellerrand unseres eigenen Lebens hinauszublicken. Wir müssen die wahren Verantwortlichen dieser Krise benennen und die Stellschrauben kennen, mit denen wir schnell deutliche Ergebnisse erzielen können.

Welche das sind, beschreiben wir in den folgenden Kapiteln.

WANDEL

*»**Wandel ist nichts Technisches, Wandel ist in erster Linie menschlich**. Denn er beinhaltet **Verhalten, das sich ändern muss**. Da kann die alternative Technik noch so toll sein, wenn die **Bereitschaft zum Wandel** nicht vorhanden ist, dann wird er sich nicht vollziehen.«*

KATJA DIEHL

Autorin, Podcasterin und Verkehrswende-Aktivistin

ENERGIE

Mehr als ein Drittel von Deutschlands CO_2-Äquivalenten sind im Jahr 2022 auf die Energiewirtschaft entfallen. Darauf folgten die Industrie mit 22 Prozent, Verkehr mit 19,8 Prozent und Gebäude mit 15 Prozent.[255]

Die CO_2-Äquivalente, die durch die Nutzung von Energie entstehen, machen in der Gesamtheit jedoch einen viel höheren Anteil aus als ein Drittel. Denn Energie ist eine essenzielle Ressource, die nahezu alle Sektoren unseres Lebens antreibt, einschließlich der Industrie, des Verkehrs und der Gebäude.[256] Wir heizen mit Energie, alle Produkte, die wir kaufen können, wurden mithilfe von Energie oder aus fossilen Rohstoffen wie Erdöl und Erdgas hergestellt, unsere Autos werden mit fossilen Brennstoffen betrieben, was ebenfalls zu energiebedingten Emissionen führt. Die gesamten energiebedingten Emissionen machten laut Umweltbundesamt im Jahr 2021 etwa 84 Prozent der deutschen Emissionen aus.[257]

Global entfallen rund drei Viertel aller Treibhausgasemissionen auf den Energieverbrauch.[258] Das bedeutet: Wenn wir unser gesamtes System auf erneuerbare Energien umstellen würden, könnten wir uns vom größten Teil unserer Treibhausgasemissionen verabschieden.[259] Eine Umstellung unseres Energiesystems bedeutet dabei aber nicht nur, dass wir zu 100 Prozent Strom aus erneuerbaren Energiequellen nutzen. Es bedeutet, dass wir alles, was wir derzeit mit Erdöl, Erdgas oder Kohle machen – zum Beispiel tanken und heizen – in Zukunft mit erneuerbarem Strom bzw. daraus gewonnenem Wasserstoff oder E-Fuels machen.

In erster Linie müssen wir dafür unser Heizsystem und den Straßenverkehr elektrifizieren. Dann müssen auch unsere Industrieprozesse, der Flugverkehr und die Schifffahrt klimaneutral werden.[260] Warum ist es nochmal so wichtig, dass dieser umfangreiche Prozess jetzt schnellstmöglich vorangetrieben wird?

Erstens sind die Reserven fossiler Brennstoffe endlich, und wir müssten uns sowieso früher oder später eine Alternative überlegen. Zweitens sind sie ungleich verteilt, was zu geopolitischen Abhängigkeiten führt – wie uns der russische Angriffskrieg gegen die Ukraine schmerzhaft vor Augen führt. Drittens ist die Verbrennung von fossilen Energieträgern dann eben auch hauptverantwortlich für die globale Erhitzung, wie wir in der Sektion *Heute* beschrieben haben.

Wenn es doch nur Energiequellen gäbe, die in fast unendlichen Mengen vorhanden sind, die viel effizienter sind als die

ENTWICKLUNG DER TREIBHAUSGAS-EMISSIONEN IN DEUTSCHLAND

nach Sektoren des Klimaschutzgesetzes (KSG)*,
in Millionen Tonnen CO_2-Äquivalente

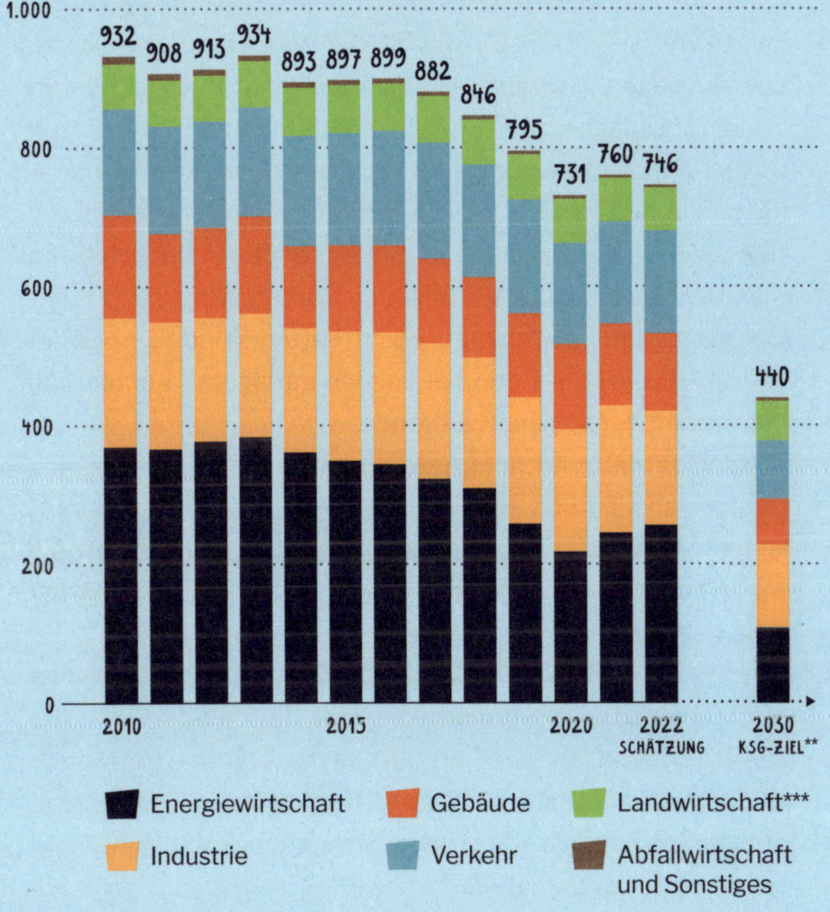

* Die Aufteilung der Emissionen weicht von der UN-Berichterstattung ab, die Gesamtemissionen sind identisch

** entsprechend der Novelle des Bundes-KSG vom 12.5.2021, Jahre 2022-2030 angepasst an Über- und Unterschreitungen

*** inklusive Emissionsquellen der mobilen und stationären Verbrennung

Verbrennung fossiler Energieträger, die dem Klima nicht schaden, weniger Fläche verbrauchen und viel weniger kosten! Moment mal. »Mit Wind- und Solarenergie bekommen wir bezahlbaren Strom für einen Bruchteil der Kosten neuer Atom-, Kohle- oder Gaskraftwerke«, sagt Michael Sterner, Miterfinder der wegweisenden Power-to-X-Technologie und Autor des Buchs *So retten wir das Klima*. Windkraft- und Photovoltaikanlagen verbrauchen fast keine Fläche, so kann unter Windkraftanlagen zum Beispiel weiterhin Land- und Forstwirtschaft betrieben und unter Solarzellen weiterhin Ackerflächen bewirtschaftet werden. Und das Beste zum Schluss: »Die beiden ergänzen sich – Solarenergie ist vor allem im Sommer, Windenergie vor allem im Herbst, Winter und Frühling verfügbar«, so Sterner. Damit hätten Wind- und Solarenergie das größte Potential bei den geringsten Kosten und dem geringsten Flächenverbrauch.

Das klingt jetzt erstmal ziemlich gut. Doch reicht das, was Deutschland jährlich an Wind und Sonneneinstrahlung abbekommt, wirklich für die immense Menge an grünem Strom, die wir brauchen, wenn unser gesamtes Energiesystem auf Strom basiert?

Der Autor und Blogger Jan Hegenberg rechnet basierend auf verschiedenen Studien vor, dass die dafür benötigten 1.500 Terawattstunden* pro Jahr zwar eine ganze Menge sind, es jedoch ohne die Zerstörung weiterer Ökosysteme problemlos möglich wäre, diese Strommenge mit Wind- und Solarenergie zu erzeugen.[261]

---

* Der genaue deutsche Strombedarf der Zukunft hängt von vielen Faktoren ab, die sehr schwer vorauszusehen sind. Bei den 1.500 Terawattstunden handelt es sich aber um eine sehr konservative Schätzung.

Wie sieht das zurzeit in der Realität aus? Im Jahr 2022 erreichten die energiebedingten Kohlendioxidemissionen weltweit ein Allzeithoch von 36,8 Milliarden Tonnen, was den letzten Höchststand von 2021 schnell abgelöst hat.[262] Das verdeutlicht, dass trotz einiger Fortschritte in der Nutzung erneuerbarer Energien immer noch ein dringender Handlungsbedarf besteht, um die Treibhausgasemissionen zu reduzieren und den Klimawandel einzudämmen.

Eine schnelle Umstellung unseres gesamten Energiesystems scheitert weder an der Technik noch an der Umsetzbarkeit. Das ist eine gute Nachricht und gleichzeitig eine schlechte. Denn wenn wir es schon könnten, warum tun wir es dann (noch) nicht?

Hier gibt es viele Gründe, darunter:

- Komplexe Genehmigungsverfahren und viel Bürokratie, insbesondere für Windkraftanlagen.[263]
- Desinformationskampagnen und Einflussnahme der fossilen Lobby.[264]
- Umweltkosten der Verbrennung fossiler Energien dürfen immer noch externalisiert werden.[265]
- Die Energiewende lässt sich in keinem politischen 4-Jahreszyklus vollständig umsetzen.
- Menschen werden in der Regel nicht an den Gewinnen der Windkraftanlagen vor ihren Häusern beteiligt, was dazu führen kann, dass sie die Anlagen ablehnen.[266]

All diese Gründe klingen banal, blockieren die Energiewende aber seit Jahrzehnten sehr effektiv. Ja, es ist entmutigend, wenn Bürokratie, zaghafte Politiker:innen und fossile Lobbys verhindern, dass wir vorhandene technische Lösungen umsetzen. Doch es gibt auch eine gute Nachricht: Politisches Engagement auf lokaler und kommunaler Ebene kann ein riesiger Hebel für den Klimaschutz sein. »Die Energiewende wird nicht an der Abbruchkante von Lützerath entschieden, sondern vor Ort in der Umsetzung durch Stadt- und Gemeinderäte, die Wind- und Solarparks genehmigen oder neue Wohngebiete ausweisen«, so Sterner.

MOBILITÄT

Der Verkehr ist das Sorgenkind unter den CO_2-relevanten Sektoren in Deutschland. Nicht nur hat er die Zielmarke des Klimaschutzgesetzes 2022 deutlich verfehlt, die Emissionen sind dort zum zweiten Mal in Folge sogar gestiegen.

Nun gäbe es eine ziemlich einfache Möglichkeit, die Emissionen im Verkehr mit einem Schlag um acht Millionen CO_2-Äquivalente zu verringern, viel weniger Verkehrstote und -verletzte beklagen zu müssen und gleichzeitig zusätzliche Wohlfahrtsgewinne von mindestens 950 Millionen Euro pro Jahr für Deutschland einzufahren.[267] [268] Doch bevor jemand überhaupt »Tempolimit!« sagen kann, werden diese Argumente durch das stichhaltige Gegenargument »Ich will aber« einiger, sehr lauter

Autofahrenden und einer noch lauteren Automobillobby ausgehebelt.

Der genialste Schlag der Automobillobby war vielleicht, unbegrenzte Geschwindigkeit als Freiheit (in Deutschland könnte man fast schon sagen, Grundrecht) zu framen. »Für mich ist Freiheit das, was dort endet, wo es die Freiheit von anderen limitiert – und es gibt kein freiheitsraubenderes Verkehrsmittel als das Auto«, stellt die Mobilitätsexpertin und Autorin Katja Diehl klar. »Ich gebe meinen Raum ab hier in der Stadt, ich gebe meine Ruhe ab, ich gebe gute Luft ab.«

Doch allein mit dem Tempolimit haben wir die Verkehrswende nicht geschafft. Auf politischer Ebene müssen wir dafür unter anderem an das Straßenverkehrsrecht und die Straßenverkehrsordnung ran, so Diehl. Das Umweltbundesamt (UBA) kommt zu ähnlichen Ergebnissen. In einem Kurzpapier haben UBA-Expert:innen mehrere Vorschläge erarbeitet, die verhindern sollen, dass geltendes Recht im Straßenverkehr dem Klimaschutz im Weg steht. Darunter die beiden folgenden[269]:

1. Das Ziel des Straßenverkehrsrechts sollte nicht mehr ausschließlich die Sicherheit und Leichtigkeit des Verkehrs sein, sondern auch an das Gemeinwohl angelehnte Ziele wie Umwelt- und Klimaschutz und Gesundheit.
2. Kommunen sollten mehr Mitspracherecht bei der Gestaltung ihrer Straßen und Fahrtregeln bekommen. Derzeit können sie das Fahrtempo 30 zum Beispiel nur veranlassen, wenn es einen bestimmten Gefährdungsgrund gibt. Wohlergehen und Entspannung gehören nicht dazu.

Sind all diese kleinen und größeren Regeln nicht vollkommen unwichtig, wenn wir sowieso alle auf E-Fahrzeuge umsteigen?

Das Verbrenner-Aus ist doch beschlossene Sache – können wir dann nicht genauso weitermachen wie bisher? »Das ist einfach nicht das, was wir brauchen, zumal ich daran erinnern möchte, dass jede Ressource, die aus der Erde gerissen wird, bitte nicht für ein Auto rausgenommen wird, was sich nur 45 Minuten am Tag bewegt«, so Katja Diehl. Der Globale Norden sei in dieser Hinsicht in der Verantwortung gegenüber dem Globalen Süden, der schon genug unter den Auswirkungen der Klimakrise leide.

Eine echte Mobilitätswende ist mehr, als den Verbrennungsmotor auszutauschen. Doch was, wenn man nun mal wirklich auf das Auto angewiesen ist? Wenn man auf dem Land lebt, wo der ÖPNV einfach nicht vorhanden ist? Wenn man sich die oft teuren Zugtickets für die ganze Familie nicht leisten kann? Von einem E-Auto ganz zu schweigen?

Menschen, die arm sind und in ländlichen Gebieten wohnen, werden politisch als Grund aufgeführt, nichts an der aktuellen Mobilität zu ändern.[270] Für Katja Diehl ist diese Tatsache bedrückend. »13 Millionen Menschen leben in Armut und das sind die mit dem geringsten Auto-Besitz. Und selbst die, die in Armut leben und ein Auto haben, hätten, glaube ich, lieber das Budget in der Tasche, weil die manchmal mit dem Auto zum Job fahren, der ihnen das Auto zahlt.« So beispielsweise die Frau, mit der Diehl für ihr Buch *Autokorrektur – Mobilität für eine lebenswerte Welt* gesprochen hat. Sie ist alleinerziehend und lebt mit ihren vier Kindern im ländlichen Raum. »Abhängig von den Spritpreisen zu sein und mit ihrem alten Gebrauchtwagen ständig überraschend in die Werkstatt zu müssen, lässt keine verlässliche Planbarkeit des ihr monatlich zur Verfügung stehenden Geldes zu.«

Keine Frage: Derzeit sind viele Menschen, insbesondere Familien im ländlichen Raum, von einem Auto abhängig. Lösungsansätze dafür gibt es bereits: Rufbus-Systeme on Demand, Leihräder, E-Scooter, um bis zur Haltestelle zu kommen, aber eben auch große Investitionen in den ÖPNV und soziale Maßnahmen wie ein erneutes Neun-Euro-Ticket für alle. Letzteres ließe sich zum Beispiel durch eine Abschaffung des Dienstwagen- und Diesel-Privilegs sowie der Pendlerpauschale mitfinanzieren, die jährlich mit mehreren Milliarden Euro Steuergeldern subventioniert werden.

Ländliche Gemeinden wären laut Diehl zudem resilienter, wenn sie sich zum Modell des *15-Minuten-Dorfes* zurückentwickelten. Dafür müsste die Infrastruktur aus Einkaufsläden und Arbeitsstätten wieder in den Ort gebracht, Pendlerpauschalen dafür abgeschafft werden. Um diese Lösungsansätze umzusetzen und systemisch zu denken, braucht es neben dem politischen- auch einen Bewusstseinswandel in der Gesellschaft. Der erste Schritt: sich bewusst zu machen, dass man das eigene Auto derzeit womöglich gar nicht nutzt, weil man es will. Sondern weil man keine andere Wahl hat.

ERNÄHRUNG

Selbst wenn wir global von heute auf morgen komplett aus allen fossilen Energien aussteigen würden, dann wären alleine die Emissionen aus dem Ernährungssektor hoch genug, um die 1,5-Grad-Grenze zu überschreiten.[271] Schon heute machen die weltweiten Ernährungssysteme ein Drittel der globalen Treibhausgasemissionen aus. Durch die wachsende Weltbevölkerung wird auch der Bedarf an Nahrung weiter ansteigen.[272]

Unsere derzeitige Art der Nahrungsmittelproduktion emittiert dabei nicht nur eine Menge Treibhausgase, sondern gefährdet auch die weltweite Lebensmittelversorgung.[273] Sie ist demnach für zwei Drittel des globalen Frischwasserverbrauchs verantwortlich und beansprucht die Hälfte aller bewohnbaren Flächen. Ohne deutliche Veränderungen bräuchte es im Jahr 2050 dreimal so viele Ressourcen wie auf der Erde vorhanden sind, um den Lebensmittelkonsum zu decken. Der Hebel, der die weitreichendsten Effekte hätte, sind tierische Produkte. So überwiegen in der weltweiten Nahrungsmittelproduktion die Emissionen tierischer Nahrungsmittel deutlich.[274]

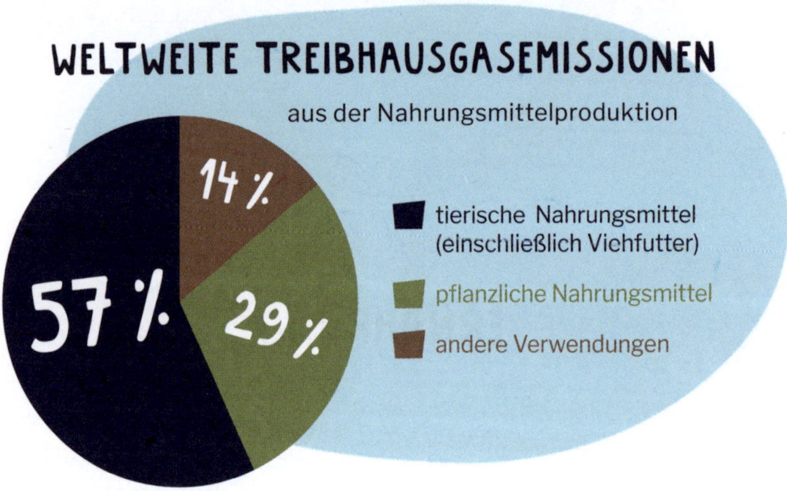

Obwohl die Umweltauswirkungen erheblich sind, stammen weltweit nur 37 Prozent des Proteins und 18 Prozent der Kalorien, die wir zu uns nehmen, aus tierischen Produkten – und das, obwohl gleichzeitig mehr als drei Viertel der landwirtschaftlichen Fläche dafür genutzt werden.[275]

Das bedeutet: Eine umfassende Transformation des Agrar- und Ernährungssektors kann nur funktionieren, wenn wir unsere Fleisch- und Milchproduktion drastisch begrenzen. Nicht, weil es Spaß macht, anderen das Schnitzelbrötchen zu versauen. Sondern weil es das Ziel sein muss, eine möglichst hohe Ernährungssicherheit zu gewährleisten und die Klimafolgeschäden für uns Menschen noch zu begrenzen.

Eine Studie zeigt mithilfe verschiedener Szenarien, dass eine Entwicklung zu einer veganen Welt in den nächsten 15 Jahren bis zu 68 Prozent der CO_2-Emissionen in diesem Jahrhundert ausgleichen könnte.[276] Natürlich ist es unrealistisch und zudem eurozentristisch anzunehmen, dass die ganze Welt so ohne Weiteres vegan werden kann, um die Klimakatastrophe einzugrenzen. Nicht zuletzt deshalb, weil Tierprodukte weltweit den Lebensunterhalt vieler Millionen Menschen sichern. Doch wie ist das in Ländern, die wirtschaftlich dazu in der Lage wären, auf Tier- und Milchprodukte zu verzichten? »Betrachtet man die Ernährungsweise der Bevölkerungen in den wohlhabenden Ländern des sogenannten Globalen Nordens, könnte man der Aussage fast zustimmen«, so Claudia Hunecke, die am Potsdam-Institut für Klimafolgenforschung zu Ernährungssystemen und Landnutzung forscht. Denn die meisten Menschen müssten ihren Fleisch- und Milchproduktekonsum deutlich reduzieren. Gleichzeitig sei es jedoch wichtig anzuerkennen, dass tierische Produkte zahlreiche Vitamine, Mineralien und essentielle Aminosäuren enthalten, die nur schwer oder gar nicht mit pflanzlichen Produkten ersetzt werden könnten. Entscheidend sei immer die Art des tierischen Produkts und insbesondere dessen Verarbeitungsstufe.

Wenn es um Ernährung und das Klima geht, spielen nicht nur Fleisch- und Milchprodukte eine Rolle. Auch ein Fokus in der Ernährung auf Hülsenfrüchte kann sich in vieler Hinsicht positiv auswirken. Zum einen haben sie die Fähigkeit, Stickstoff aus der Luft zu binden und ihn so umzuwandeln, dass er von Pflanzen genutzt werden kann. Dadurch verbessern sie die Bodenfruchtbarkeit, reduzieren den Wasserverbrauch und den Einsatz von Stickstoffdünger. Treibhausgasemissionen, die mit der Herstellung von Düngemitteln verbunden sind, werden verringert. Zum anderen sind Bohnen, Erbsen, Linsen und Co. sehr gesund, denn sie enthalten hochwertiges Protein und wirken sich positiv auf die Darmflora aus. Die EAT-Lancet-Kommission hat einen Speiseplan entwickelt mit dem Ziel, im Jahr 2050 zehn Milliarden Menschen gesund und nachhaltig ernähren zu können, ohne dabei planetare Grenzen zu überschreiten. Demnach sollte der Verzehr von Hülsenfrüchten, Nüssen sowie Obst und Gemüse verdoppelt werden, der Verzehr von Zucker und Fleisch dagegen halbiert.[277]

Auch saisonale und regionale Lebensmittel können einen Unterschied machen, denn der Transport von Lebensmitteln macht zwischen fünf und 19 Prozent der Emissionen im Ernährungssektor aus.[278] [279] Ein reiner Fokus auf Regional ist dabei aber auch nicht zielführend. Denn der Handel ist eines der wichtigsten Instrumente überhaupt, um uns an den Klimawandel anzupassen. Die Standortbedingungen verändern sich durch die globale Erhitzung vielerorts schnell und rigoros. Gerade das macht es so hilfreich, wenn sich jedes Land auf den Anbau bestimmter Nahrungsmittel konzentrieren kann. Der Handel kann damit einen wichtigen Beitrag zur Ernährungssicherheit leisten. Gleichzeitig müssen sich viele Handelsbedingungen grundlegend verändern, um Handel nachhaltig zu gestalten: hin zu mehr Arbeitsschutz und -recht, soziale Teilhabe, Wertschöpfung sowie Klima- und Umweltschutz vor Ort.

Das Schöne beim Thema Ernährung (anders als beim ÖPNV auf dem Land): Wir müssen nicht warten, dass etwas passiert. Denn auch wenn die Rahmenbedingungen für eine klimafreundliche Ernährung noch nicht stimmen, gibt es schon heute viele Möglichkeiten, eine nachhaltigere Wahl zu treffen. Strategien wie die *Planetary Health Diet* können Konsument:innen dabei unterstützen, sich möglichst nachhaltig und gesund zu ernähren. Gleichzeitig ist die Transformation unseres Ernährungssystems zu komplex, als dass es einfache Lösungen geben könnte. »Es geht immer um die Balance. Kein Fleisch ist nicht gut. Zu viel Fleisch ist nicht gut. Was in Land A funktioniert, ist für Land B vielleicht völlig verkehrt. Nur regionale Lebensmittel sind nicht die Lösung, nur Handel ist es aber auch nicht«, so Hunecke. Nachhaltigkeit und Resilienz sollten bei jeder Entscheidung die beiden Leitplanken sein. Alles andere sei offen zu diskutieren und abhängig von vielen Faktoren, die alle berücksichtigt werden müssten.

WIRTSCHAFT

Weltweit sind 100 Unternehmen für knapp drei Viertel der Emissionen verantwortlich.[280] Ganz vorne mit dabei: Exxon-Mobil, Chevron, Shell und BP. Gemeinsam mit anderen Unternehmen und PR-Expert:innen haben sie die Auswirkungen der steigenden Treibhausgasemissionen jahrzehntelang bewusst verschleiert und Milliarden über Milliarden Dollar mit der Zerstörung unseres Planeten verdient. Heute, wo es immer schwieriger wird, die globale Erhitzung zu vertuschen, stehen teils absurde Greenwashing-Kampagnen im Vordergrund.[281] [282] Wie bringt man solche Unternehmen dazu, eine 180-Grad-Wende hinzulegen? Brauchen sie mehr gesetzliche Vorgaben? Definitiv. Können im nächsten Schritt auch die üblichen Marktmechanismen zu einem Wirtschaftswandel beitragen, nämlich dann, wenn Umweltkosten nicht mehr externalisiert und erneuerbare Energien immer günstiger werden? Sicherlich. Oder, man wagt es kaum auszusprechen: Müssten die Verantwortlichen in den genannten Unternehmen nicht auch ein persönliches Interesse daran haben, die Klimakatastrophe noch einzudämmen? Wer weiß. Doch solange Shareholder Value der vorherrschende Grundsatz ist, sollten wir uns nicht darauf verlassen.

Was sicher ist und für alle Akteur:innen in der Wirtschaft gilt, die im Übrigen auch ernsthaftes Interesse am Klimaschutz haben können: Es braucht Transparenz bei den verursachten Emissionen. Das klingt erstmal logisch, ist aber in Wahrheit ein riesiger Hebel. »Wichtig ist, dass bei der CO_2-Bilanzierung nicht die indirekten Emissionen außen vor gelassen werden, die in der gesamten Wertschöpfungskette eines Unternehmens entstehen«, sagt uns Katharina Reuter, die sich als Geschäftsführerin des Bundesverband Nachhaltige Wirtschaft (BNW e. V.) für eine zukunftsorientierte Wirtschaftspolitik einsetzt.

Sehr wenige Unternehmen legen diese sogenannten *Scope-3-Emissionen* offen. Sie sind schwierig zu berechnen, denn sie erfassen alle Emissionen, die entlang der Lieferkette eines Unternehmens anfallen – beispielsweise den Rohstoffabbau in anderen Ländern, den Transport hin zur Firma, die Emissionen von pendelnden Mitarbeitenden, bis hin zur späteren Nutzung und Entsorgung der Produkte. Diese Scope-3-Emissionen machen jedoch rund 75 Prozent der Emissionen eines Unternehmens aus, in vielen Sektoren sind es über 90 Prozent.[283]

Was bedeutet das? Die Scope-3-Emissionen in der eigenen CO_2-Bilanzierung nicht zu berücksichtigen, ist für ein Unternehmen mit ernsthaften Absichten in etwa so sinnvoll, als würde man, um Wasser zu sparen, einen Sparduschkopf verwenden, während der 40.000 Liter fassende Pool jeden Abend neu befüllt wird. Dass deutsche Unternehmen diese Emissionen aktuell nicht berücksichtigen und offenlegen müssen, bewirkt zwei Dinge: Erstens werden nur diejenigen, denen Klimaschutz ein echtes Anliegen ist, etwas an ihrer Geschäftspraxis ändern. Zweitens werden die Scope-3-Emissionen in der Folge völlig zu Unrecht den Ländern zugewiesen, in denen das Unternehmen produziert. Meistens sind das Länder des Globalen Südens, die sowieso schon mehr unter der Klimakrise leiden und weniger finanzielle Mittel besitzen (siehe Kapitel *Kolonialismus*).

Statt auf einen Sinneswandel aller Akteur:innen zu warten, muss die Politik deshalb dringend die Rahmenbedingungen ändern. »Derzeit haben wir keine fairen Marktbedingungen für den Klimaschutz«, so Reuter. Ein *Weiter-so* mit fossilen Energieträgern müsse die wahren CO_2-Kosten abbilden. »Weitere Bausteine wären die Abschaffung der klimaschädlichen Subventionen, eine Pestizidabgabe und eine Differenzierung bei der Mehrwertsteuer, die z. B. 0 Prozent für pflanzliche Lebensmittel vorsieht. Davon würden alle profitieren – nicht nur die Menschen, auch das Klima«, so Reuter.

Lange nicht alle Akteur:innen aus der Wirtschaft warten, bis die Politik die notwendigen Rahmenbedingungen setzt. Eine neue Generation Unternehmer:innen nutzen die Mechanismen des Kapitalismus, um das Gemeinwohl zu fördern. Ihre Unternehmen erwirtschaften zwar Gewinn, die Gewinnerzielungsabsicht ist dabei aber bestimmten Werten untergeordnet.[284] Erleichtert wird das mit einer Alternative zu herkömmlichen

Eigentumsstrukturen, die *Verantwortungseigentum* genannt wird. Mit zwei besonderen Merkmalen: Zum einen gehört die Firma keinen anonymen Anteilseigner:innen, sondern vielmehr sich selbst und den Mitarbeitenden. Sie kann nicht verkauft werden und folgt einem festgelegten Zweck. Das verhindert, dass das Unternehmen zum Spekulationsobjekt werden kann und ermöglicht es Unternehmer:innen, auch in weniger erfolgreichen Quartalen langfristig ihren Werten treu zu bleiben. Zum anderen sind Gewinne nie Selbstzweck, sondern Mittel zum Zweck. Das bedeutet, dass keine Millionen-Dividenden an Eigentümer ausgezahlt werden, sondern Gewinne in den Zweck des Unternehmens reinvestiert, zur Deckung von Kapitalkosten verwendet oder gespendet werden.

Ein bekanntes Beispiel ist die Suchmaschine Ecosia, deren Unternehmenszweck es ist, sich für Aufforstung einzusetzen. Mit den erwirtschafteten Gewinnen pflanzt das Unternehmen Bäume in Regionen, die von (illegaler) Waldrodung betroffen sind. Weder die beiden Gründer noch sonst irgendwer hält Gewinnrechte an Ecosia, zudem kann das Unternehmen nie verkauft werden.

Weil Unternehmen wie Ecosia Gewinne nur als Mittel zum Zweck und nicht als Selbstzweck betrachten, können sie sich potenziell leichter dafür entscheiden, innerhalb der planetaren Grenzen zu wirtschaften. Häufig ist das sogar Teil des Unternehmenszwecks.[285] Vorangetrieben werden könnte die Transformation vonseiten der Unternehmen nicht zuletzt auch durch Arbeitnehmer:innen, denen die Sinnhaftigkeit in ihrem Beruf immer wichtiger wird.[286]

DEGROWTH

Wenn es um die Frage geht, wie wir unsere Wirtschaft umwelt- und menschenfreundlich transformieren können, teilt sich ein Großteil der Expert:innen in zwei Lager: Team *grünes Wachstum* und Team *Degrowth*. Stellen wir uns für einen Moment vor, zwei Vertreter:innen würden sich in einer Talkshow gegenübersitzen und in eine kurze Diskussion verstricken:

Person 1: *Ich finde es einfach realitätsfern zu sagen, wir sollen aufhören, ein Wirtschaftswachstum anzustreben. Das lässt sich 1:1 übersetzen mit Wohlstandsverlust, und wer möchte das bitte? Vielmehr müssen wir doch schnellstmöglich alles auf erneuerbare Energien umstellen und uns auf die Technologien konzentrieren, die das ermöglichen. Damit sparen wir den Löwenanteil der Emissionen ein und ein Leben in Wohlstand ist weiterhin möglich.*

Person 2: *Das ist doch aber ein Märchen, das Sie da erzählen. Eine klimaneutrale Wirtschaft braucht trotzdem Ressourcen. Ja, wir haben einerseits eine Klimakrise, gleichzeitig aber auch eine Biodiversitäts- und vor allem eine Gerechtigkeitskrise. Grünes Wachstum bedeutet ein Weiter-so mit allen Problemen, außer den Treibhausgasen in der Atmosphäre. Wieso ist es denn so schwer zu verstehen, dass wir auf einem Planeten mit endlichen Ressourcen leben und ganz einfach nicht mehr so weitermachen können?*

Person 1: *Grünes Wachstum bedeutet, dass wir eben keinen gesteigerten Ressourcenverbrauch haben und damit sehr wohl innerhalb der Grenzen unseres Planeten wirtschaften. Wir entkoppeln die beiden, zum Beispiel durch eine höhere Energieeffizienz, Recycling und die Wiederverwendung von Produkten, aber auch durch einen Wandel hin zu einer Dienstleistungsgesellschaft. Damit ist es möglich, weiter zu wachsen, während der Ressourceneinsatz und die Emissionen verringert werden.*

Person 2: *Das ist ja eine schöne Idee, sie hat aber eine entscheidende Lücke: Die steigende Effizienz eines Produkts führt nicht dazu, dass die Emissionen sinken. Denn mit steigender Effizienz sinken auch die Kosten, wodurch Verbraucher:innen mehr konsumieren.*

Diesen Rebound-Effekt brauche ich Ihnen nicht zu erklären. Er beweist, dass die Idee des grünen Wachstums in der Realität nicht funktioniert. Unternehmen haben vielleicht plötzlich bessere Ökobilanzen, doch es gibt keinen Bewusstseinswandel in der Gesellschaft. Die Menschen wollen weiter möglichst viel konsumieren, das neueste Smartphone, das zweite E-Auto, den schnelleren Computer. Die Rohstoffe dafür werden weiter auf Kosten anderer Menschen und Tiere den Ökosystemen entrissen. Die Produktion wird weiterhin in den Globalen Süden verschoben, wodurch sich die Emissionen nur verschieben, nicht in Luft auflösen. Die Menschen in diesen Ländern haben bereits genug Ungerechtigkeit durch unser Wirtschaftssystem erfahren.

Person 1: *Was schlagen Sie vor? Den Kapitalismus abschaffen? Das Internet offline nehmen? Den Fortschritt verbieten, den wir gemacht haben? Menschen wie Sie wollen doch einfach nur, dass wir alle wieder in Höhlen leben.*

Person 2: *Ich schlage vor, dass wir Wirtschaft völlig neu denken. Das Ziel sollte sein, allen Menschen ein gutes Leben zu ermöglichen, ohne den Planeten auszubeuten. Funktionieren würde das, indem wir Reichtum umverteilen. Wir haben genug Nahrung, genug Wasser, genug Ressourcen für alle Menschen. Das funktioniert aber nicht, solange Person A eine Flotte von 15 Privatjets hat und Person B nicht weiß, ob sie morgen ihre Familie ernähren kann.*

Spätestens an diesem Punkt denken jetzt vielleicht einige, Person 2 ist ein bisschen naiv. Reichtum abschaffen, umverteilen, verzichten: Mit Realismus hat eine solche Wirtschaft nichts zu tun. Oder?

»Mehrere Studien kommen zu dem Ergebnis, dass nur ein Postwachstumsansatz eine Klimastabilisierung unter 2 Grad ermöglicht.« Dieser fast unglaubliche Satz steht tatsächlich im IPCC-Hauptbericht *Climate Change 2022: Mitigation of Climate Change.*[287] Zur Erinnerung: Der Weltklimarat besteht nicht aus kommunistisch angehauchten Träumer:innen, sondern aus den renommiertesten Klimaforschenden der Welt. Insgesamt kommt der Begriff *Degrowth* ganze 13-mal in dem Bericht vor. An anderer Stelle schreiben die Forschenden außerdem, die Annahme bezüglich Wirtschaftswachstum sei die wichtigste Variable für die Emissionen eines Szenarios. Im Klartext bedeutet das: Unsere Art zu wirtschaften ist der größte Hebel, den wir beim Klimaschutz haben.

Die Autor:innen des IPCC-Berichts sind nicht die ersten Forschenden, die sich ernsthaft mit der Postwachstumsökonomie auseinandersetzen. Seit der Veröffentlichung des Berichts *Die Grenzen des Wachstums* des Club of Rome 1972 trauen sich immer wieder Forschende und Journalist:innen, die Frage zu stellen, ob ein ewiges Wirtschaftswachstum möglich oder überhaupt zielführend für uns als Gesellschaft ist.[288] [289] So auch die Journalistin Andrea Vetter vom *Konzeptwerk Neue Ökonomie*. Sie sagt: »Die Behauptung, alle Menschen würden von einer auf Wachstum ausgerichteten Wirtschaft profitieren, ist schlicht falsch. Sie maskiert nur die Vorstellung, es könnte Gerechtigkeit geben, ohne den Reichen etwas wegzunehmen. Doch das ist auf einem endlichen Planeten nicht möglich.« Auf institutioneller Ebene stoßen sie und weitere Vertreter:innen damit auf Widerstand. Für die EU, die Vereinten Nationen, die Weltbank und Co. ist das Konzept des *grünen Wachstums* zur überwiegenden Antwort auf die Klimakrise geworden.

Ein Prinzip, das die Postwachstumsökonomie mit anderen Umweltbewegungen und auch einigen Vertreter:innen des Konzepts *grünes Wachstum* vereint, ist das der sogenannten *Suffizienz*. Der Begriff bezieht sich auf das Konzept des *Genug* und betont die Notwendigkeit, unseren Konsum auf ein Maß zu beschränken, das ökologisch und sozial verträglich ist. Statt einer *Wegwerfgesellschaft* strebt Suffizienz eine *Kreislaufgesellschaft* an, in der Produkte möglichst lange genutzt und Ressourcen wiederverwendet werden. Car- und Bike-Sharing sind hierfür ebenso gute Beispiele wie Reparaturangebote. Diese müssten künftig weiter ausgebaut werden, so Katharina Reuter vom Bundesverband Nachhaltige Wirtschaft e. V. »Wir brauchen definitiv mehr Konzepte und Ansätze von Suffizienz, also einem Weniger in der Wirtschaft.«

Andrea Vetter ergänzt: »Wenn wir uns verschiedene Formen der Wachstumskritik anschauen, dann wird deutlich, dass es viele gute Gründe gibt – ökologische, gerechtigkeitstheoretische, feministische, dekoloniale unter anderem –, eine Wirtschaftsform anzustreben, in der die Sorge für das Lebendige im Zentrum steht.«

ANPASSUNG

Unser heutiges Handeln bestimmt nicht nur, wie stark sich der Planet erhitzen wird – es entscheidet auch darüber, wie gut wir gegen weitere Auswirkungen der Klimakrise gewappnet sein werden. Denn wenn die Folgen häufiger und intensiver auftreten, müssen wir uns schon heute die Frage stellen: Wie können wir uns daran anpassen? Spoiler: Es reicht nicht, einmal die Woche den Wetterbericht zu schauen und wenn es warm wird, einen Hut aufzusetzen und wenn es viel regnet, die Gummistiefel bereitzustellen. Vielmehr geht es darum, sich strukturell auf unvermeidbare Veränderungen einzustellen, zum Beispiel, indem Schutzdämme gebaut, Notfallpläne erarbeitet oder Hitzeschutzkonzepte umgesetzt werden. Anpassungsmaßnahmen dürfen Klimaschutz dabei nicht ersetzen, sondern sind eine ergänzende Maßnahme zur Emissionsreduzierung.

Warum eine umfassende Anpassung so wichtig ist, wird am Beispiel von Wetterextremen sichtbar. Nehmen Hochwasser und Überschwemmungen durch starke Regenfälle zu, dann müssen wir überdenken, wie wir Infrastruktur, Siedlungen und Brücken darauf ausrichten, um Katastrophen wie die Flut im Ahrtal zu verhindern. Im Gegensatz dazu stellen uns Hitzewellen vor die Herausforderung, wie wir auf drohende Wasserknappheit und Ernteausfälle reagieren können. Zusätzlich braucht es mehr Maßnahmen, um die Bevölkerung vor Hitze zu schützen.

Letztlich gibt es kaum einen Bereich, der nicht durch die Folgen der globalen Erhitzung direkt oder indirekt betroffen ist. Um dem Waldsterben entgegenzuwirken, müssen wir großflächig Sorten pflanzen, die der Hitze, Stürmen und neuen Schädlingen besser standhalten. Um Ernteausfällen vorzubeugen, braucht es Konzepte zur Verbesserung des Wasserrückhaltes.

All das lässt sich nicht über Nacht umsetzen, ist gleichzeitig aber dringend notwendig, um unsere Versorgungssicherheit und die biologische Vielfalt zu schützen. Der sechste Sachstandsbericht des IPCC verdeutlicht, dass das Zeitfenster, um wirksame Anpassungen umzusetzen, immer kleiner wird: »Gesellschaftliche Entscheidungen und Maßnahmen, die in den nächsten zehn Jahren umgesetzt werden, bestimmen das Ausmaß, in dem mittel- und langfristige Pfade zu einer höheren oder niedrigeren klimaresilienten Entwicklung führen werden«, heißt es dort.[290] Der Bericht zeigt auch, dass die Maßnahmen der Anpassung nicht fair verteilt sind. Die Lücke zwischen dem, was getan wird und dem, was getan werden müsste, wird demnach besonders bei Bevölkerungsgruppen mit niedrigem Einkommen deutlich.[291] Auch global sind die Ressourcen für Anpassungsmaßnahmen nicht gerecht aufgeteilt. Die für die Klimakrise maßgeblich verantwortlichen Industriestaaten haben sich deshalb verpflichtet, ab 2020 jährlich 100 Milliarden Dollar für Klimaschutz- und Anpassung für die Länder bereitzustellen, die heute schon stärker von den Folgen der Klimakrise betroffen sind. Angekommen sind davon laut OECD nur knapp über 83 Milliarden Dollar, wovon weniger als die Hälfte (29 Milliarden Dollar) wirklich für die Klimaanpassung zur Verfügung gestellt wurde.[292] Zu wenig, das macht der UN-Bericht *Adaption Gap Report 2022* deutlich. Der Kostenbedarf der Länder des Globalen Südens für die Klimaanpassung ist demnach zehn- bis achtzehnmal höher als die derzeitigen Zuwendungen.[293]

In den folgenden vier Kapiteln *Stadtwandel, Renaturierung, Notfallpläne* und *Resilienz* gehen wir beispielhaft darauf ein, wie genau solche Anpassungen auf unterschiedlichen Ebenen aussehen können.

STADTWANDEL

Städte und die Klimakrise sind untrennbar miteinander verbunden. Zum einen tragen Städte mit einem Verbrauch von rund 80 Prozent der weltweiten Energie und Ressourcen erheblich zur globalen Erhitzung bei.[294] Gleichzeitig betreffen deren Auswirkungen Menschen in den Städten ganz besonders, schon allein deshalb, weil sich Städte um bis zu zehn Grad mehr aufheizen als das Umland. Durch die versiegelten Straßen und Plätze kann außerdem Starkregen schlechter abfließen, wodurch sich das Risiko für Überschwemmungen erhöht.

Auf diese Herausforderungen müssen Städte reagieren: zum einen, indem sie ihre Emissionen deutlich vermindern (siehe Kapitel *Energie* und *Verkehr*). Zum anderen, indem sie ihre Infrastruktur klimaresilienter und die Stadtplanung nachhaltiger gestalten.

Dafür gibt es stadtplanerische Ansätze, die zwar kein Allheilmittel sind, aber das Potential haben, die städtische Struktur ein Stück weit an die neuen Gegebenheiten anzupassen.

Mit dem sogenannten *Schwammstadtkonzept*, das heute schon in einigen deutschen Städten angewandt wird, können sich Städte vor Überschwemmungen schützen und gleichzeitig für kühlere Temperaturen in Hitzeperioden sorgen. Dafür wird Regenwasser dort gespeichert, wo es fällt, zum Beispiel auf begrünten Dächern und Fassaden oder in dafür angelegten unterirdischen Speichern. Das sorgt dafür, dass die Wassermassen bei Starkregen nicht (nur) in die Kanalisation rauschen und die Gullys nicht (so schnell) überlaufen.

Insgesamt gilt: Das Stadtbild muss sich von grau zu grün und blau entwickeln. Wo es möglich ist, sollten Flächen entsiegelt und durch Wiesen, Gärten, Feuchtgebiete oder Wälder ersetzt werden, die Wasser binden, ihre Umgebung kühlen und die Luft filtern. Auch die Freilegung von unterirdisch fließenden Flüssen hilft, die städtische Umgebung abzukühlen und die Lebensqualität zu verbessern.

Bei der Anpassung an die globale Erhitzung benötigen die Städte dabei auch ein soziales Konzept, denn die Klimakrise verstärkt auch hier die Ungleichheit. Dringend notwendige Begrünungsmaßnahmen lassen häufig die Mietpreise eines Viertels in die Höhe schnellen, sodass finanziell besser gestellte Menschen mehr Zugang zu Stadtgrün haben.[295] Gleichzeitig können Besserverdienende ihrer Arbeit häufig von zuhause oder in klimatisierten Büros nachgehen, während Menschen, die ihre Arbeit draußen verrichten, zunehmend Wetterextremen und den damit zusammenhängenden Gesundheitsrisiken ausgesetzt sind.

Die Mehrheit der Menschen lebt schon heute in Städten, bis 2030 werden es wohl 60 Prozent der Weltbevölkerung sein. Um ihre komplexe Infrastruktur und die Lebensqualität für die Bewohner:innen aufrechtzuerhalten, müssen sich Städte schnellstens an die sich rasant verändernden Klimaverhältnisse anpassen. »Alle Maßnahmen zur Stadtentwicklung sollten unter dem Gesichtspunkt der Klimaresilienz und Sozialverträglichkeit gestaltet werden«, betont Harald Kegler, der als Professor für Planungsgeschichte / Nachhaltige Raumplanung an der Universität Kassel lehrte. Gemeinsam mit seinen Studierenden hat er die klimagerechte und -angepasste Modellstadt *Klimatopia* für die Stadt Halle (Saale) entwickelt.[296] Städte wie diese seien das Gebot der Stunde, so Kegler: »Anpassen, widerstandsfähig werden, aus der Vergangenheit lernen und die Menschen in der Stadt und auf dem Land in den klimagerechten Umbau der Städte einbeziehen.«

RENATURIERUNG

Auf etwa drei Viertel der Landoberfläche der Erde hat der Mensch im letzten Jahrtausend starken Einfluss genommen.[297] Unsere Landschaften haben sich dadurch stark verändert. Große Flächen wurden zu Ackerland umfunktioniert und riesige Löcher für den Kohleabbau in den Boden geschaufelt. Für die Schifffahrt wurden Flüsse begradigt und alte Wälder und Moore mussten für landwirtschaftliche Flächen, Siedlungen, Straßen und Industrie weichen. Mit all diesen Eingriffen in die Natur haben wir einen Prozess losgetreten, der uns jetzt auf die Füße fällt. Denn durch die systematische Zerstörung von Lebensräumen gefährden wir an vielen Stellen die Biodiversität, die für uns Menschen überlebensnotwendig ist. Wenn wir Landschaften für unsere Zwecke umfunktionieren, nehmen wir außerdem einen direkten Einfluss auf das Weltklima. Wenn Moore trockengelegt und Wälder gerodet werden, setzt das Unmengen an CO_2 frei. Ein Teufelskreis, weil der damit verbundene Temperaturanstieg den noch übrig gebliebenen Wäldern, Landschaften und Böden zusätzlichen Schaden zufügt.

Diese Ökosysteme zu erhalten, ist also essentiell für den Klimaschutz. Doch nur die bestehenden Flächen zu erhalten, reicht nicht aus. Die Vereinten Nationen haben den Zeitraum von 2021 bis 2030 zur »Dekade zur Wiederherstellung von Ökosystemen« erklärt.[298] Bei uns wird in diesem Zusammenhang von Renaturierung gesprochen. Dabei genügt es nicht, bei einer großen Kohlegrube oder einer landwirtschaftlich intensiv genutzten Fläche ein bisschen Gras über die Sache wachsen zu lassen. Renaturierung bedeutet, Flächen aktiv aufzuarbeiten, zu pflegen und sie an eine heißere Welt anzupassen. Damit erfüllt Renaturierung gleich zwei wichtige Funktionen: Sie schafft Lebensraum und erhält damit die Biodiversität und sie lässt neue Kohlenstoffsenken entstehen.

Was heißt das jetzt? Müssen wir die Teslafabrik in Brandenburg wieder abreißen, damit der gerodete Wald dort wieder nachwachsen kann? Der Naturschutzbund zeigt in einer Studie auf, dass wir in Deutschland noch viel Renaturierungspotential haben – auch abseits von Brandenburg. Mehr als 20 Prozent der Fläche Deutschlands sei demnach geeignet für eine Wiederherstellung, darunter vor allem für Wälder und Grünland, aber auch für Moore und Auen.[299]

Gleichzeitig weist der Geoökologe Georg Guggenberger darauf hin, dass wir den Blick nicht nur nach Deutschland richten sollten. »Kasachstan hat beispielsweise über siebenmal die Fläche Deutschlands, dort gibt es riesige brachliegende Flächen, die nicht anderweitig genutzt werden.« Diese würden sich hervorragend zum Humusaufbau und damit der Bindung von Kohlenstoff eignen und hätten global eine weitaus größere Wirkung, als es in Deutschland möglich wäre.

Besonders präsent ist das Thema Renaturierung bei Mooren, weil die Feuchtgebiete in ihrer Funktion als Kohlenstoffsenke einen wichtigen Beitrag zum Klimaschutz leisten. Laut dem Mooratlas 2023 der Heinrich-Böll-Stiftung, des BUND und der Succow Stiftung gehen Moore derzeit zehnmal schneller verloren als sie nachwachsen können.[300] Mehr als zwei Drittel der trockengelegten Moore werden in Deutschland landwirtschaftlich genutzt, ein Großteil davon für die Weidehaltung von Rindern und Milchkühen und den Anbau von Futter.

»Alle bewirtschafteten Böden verlieren im Vergleich zum natürlichen Boden zwischen 30 und 50 Prozent des Kohlenstoffs«, ordnet Guggenberger ein.

Eine Studie zum globalen Renaturierungspotential, die im Fachmagazin *nature* erschienen ist, zeigt, dass Renaturierungsmaßnahmen nicht unbedingt im Konflikt zur Versorgung mit Nahrungsmitteln stehen müssen.[301] So könnten insgesamt 55 Prozent genutztes Ackerland renaturiert werden, ohne die globale Produktion von Nahrungsmitteln zu beeinträchtigen. Zugleich müsste sich jedoch unser Ernährungssystem verändern, hin zu weniger Abfällen und zu mehr pflanzlichen Lebensmitteln (siehe auch Kapitel *Ernährung*).

Der Weltklimarat lässt der Renaturierung eine besondere Bedeutung als Instrument für den Klimaschutz zukommen:

»Wenn wir degradierte Ökosysteme wiederherstellen und 30 bis 50 Prozent der Landflächen, Süßwasser- und Meereslebensräume der Erde wirksam und gerecht erhalten, kann die Gesellschaft von der Fähigkeit der Natur profitieren, Kohlenstoff zu absorbieren und zu speichern. So können wir die Fortschritte auf dem Weg zu einer nachhaltigen Entwicklung beschleunigen. Eine angemessene Finanzierung und politische Unterstützung sind dabei jedoch unerlässlich«, wird Hans-Otto Pörtner, der Co-Vorsitzende der IPCC-Arbeitsgruppe zum zweiten Sachstandsbericht, zitiert.[302]

NOTFALLPLÄNE

Mindestens 134 Menschen sind im Sommer 2021 bei der zerstörerischen Flut im Ahrtal ums Leben gekommen. Ein Jahr später betonte Bundesinnenministerin Nancy Faeser von der SPD, dass wir uns zu lange sicher gefühlt hätten und die großen Versäumnisse der letzten Jahre und Jahrzehnte aufgearbeitet werden müssten.[303] Welche Versäumnisse sie damit meint, ist klar. Der deutsche Katastrophenschutz hat in den Sommertagen des Hochwassers nicht ausreichend funktioniert.

Die dritte »Jahrhundertflut« innerhalb von weniger als 20 Jahren konfrontiert uns mit der Tatsache, dass wir uns besser an diese neue Intensität anpassen müssen. Das gilt nicht nur für Flutkatastrophen, sondern auch für die häufigere Hitzebelastung. In Frankreich starben im Jahr 2003 mehr als 15.000 Menschen aufgrund einer heftigen Hitzewelle.[304] Ein Jahr später wurde daraufhin der *Plan Canicule* ins Leben gerufen. Dieser nationale Notfallplan ist in verschiedene Warnstufen gestaffelt. Er beinhaltet zum Beispiel eine Notfallhotline und einen Telefondienst, der alte alleinstehende Menschen kontaktiert. Schon ab der vorletzten Warnstufe orange werden zudem klimatisierte Gemeinschaftsräume bereitgestellt, bei Temperaturen über 40 Grad werden Feuerwehr und Krankenhäuser in Alarmbereitschaft versetzt.[305]

Auch in Deutschland wird nach langjährigen lauten Forderungen ein solcher nationaler Plan Realität.[306] [307] Das Beispiel aus Frankreich soll dabei als Vorbild dienen. Besonderes Augenmerk muss dabei auf schutzbedürftige Bevölkerungsgruppen gelegt werden. Bei der Hitzewelle in Frankreich starben vor allem viele alte Menschen. Auch Kleinkinder, Menschen mit chronischen Erkrankungen, Schwangere und Menschen, die draußen arbeiten müssen, sind gefährdet. Menschen mit Behinderung gehören oft zu denjenigen, die in einer solchen Notsituation am stärksten betroffen sind. Sie sind einem höheren Verletzungs- oder Sterberisiko ausgesetzt und haben gleichzeitig am wenigsten Zugang zu einer adäquaten Notfallhilfe.[308] Auch bei der Ahrtalflut starben in einem Wohnheim für Menschen mit Behinderung 12 der 36 Bewohner:innen, weil sie sich nicht rechtzeitig aus dem Erdgeschoss retten konnten.

Im Zuge der Klimaanpassung müssen Notfallpläne an die immer häufiger werdenden Naturkatastrophen angepasst werden und dabei vor allem bei den Bevölkerungsgruppen ansetzen, die durch die zusätzliche Belastung am meisten gefährdet sind.

RESILIENZ

Nicht nur unsere Städte und Notfallsysteme müssen an die neuen, von Extremen geprägten klimatischen Bedingungen angepasst werden. Auch unsere Gesellschaften müssen in die Lage versetzt werden, mit Dürren, extremen Hitzewellen, Fluten oder Stürmen umzugehen. Eine in *Nature Sustainability* erschienene Studie zeigt: Globale Krisen werden häufiger und beeinflussen sich gegenseitig. Im Angesicht dieser multiplen Schocks reicht es nicht, uns ein *back to normal* herbeizuwünschen.[309] Vielmehr müssen wir lernen, uns an die neuen Gegebenheiten anzupassen, mit Unsicherheiten zu leben und unsere Fähigkeiten weiterzuentwickeln. Kurz: widerstandsfähiger zu werden. »Nach Jahrzehnten immer häufiger auftretender Extremereignisse scheint die Welt endlich zu erkennen, dass sich unser Erdsystem von einem relativ stabilen Zustand in eine instabilere Lage verschiebt. [...] Resilienz ist nun entscheidend, um mit globalen Schocks umzugehen, aus ihnen zu lernen und sie besser bewältigen zu können«, wird Johan Rockström, Direktor des Potsdam-Instituts für Klimafolgenforschung (PIK) und Hauptautor der Studie, zitiert.

Eine besondere Form der Widerstandsfähigkeit ist die Resilienz der Gemeinschaft, auch *Community Resilience* genannt. Gemeint ist die Fähigkeit von Gemeinschaften, externe Störungen auf lokaler oder regionaler Ebene zu bewältigen und sich an die veränderten Bedingungen anzupassen.

Ein Beispiel: Nach einer nie dagewesenen Hochwasserkatastrophe in der deutschen Stadt Fluthausen im Jahr 2050 verlieren 40 Prozent der Fluthausener ihren gesamten Besitz, über 90 Prozent der Häuser sind verwüstet. Wie die Menschen auf diese Katastrophe reagieren und wie widerstandsfähig die Stadtgemeinschaft ist, hängt nicht nur von Sach- und Geldspenden aus anderen deutschen Städten ab, sondern maßgeblich auch vom Zusammenhalt, der gegenseitigen Unterstützung und dem Vertrauen der Fluthausener untereinander. Welches Familienmitglied kann seine vom Wasser verschonte Wohnung zur Verfügung stellen? Welcher Freund kann auf die beiden Kleinkinder aufpassen, während man selbst ins nächstgelegene Krankenhaus zur verletzten Schwester fahren muss? Wer geht für die psychisch stark mitgenommene Nachbarin einkaufen? Welcher befreundete Handwerker hilft einige Monate später beim Wiederaufbau das Hauses – und welche Lokalpolitikerin setzt die von den Fluthausenern geforderten präventiven Maßnahmen für das nächste Hochwasser durch?

Die sozialen Beziehungen der formellen und informellen Netzwerke in ganz Fluthausen werden als *soziales Kapital* bezeichnet. Es gilt als wichtige Ressource für die Widerstandsfähigkeit einer lokalen Gemeinschaft und bestimmt maßgeblich mit, wie schnell sich die Stadt von der Katastrophe erholen kann.[310] Das fiktive Fluthausen ist dabei in mehrfacher Hinsicht ein vereinfachtes und privilegiertes Beispiel. Hier ist *nur* eine einzelne Stadt betroffen, sodass angenommen werden kann, dass es den Menschen durch die Unterstützung von Hilfsorganisationen und die Spenden aus anderen Städten nicht an Essen, Wasser und einem sicheren Schlafplatz mangeln würde. Zudem ist die Stadt nur von *einer* Katastrophe betroffen, obwohl die Realität zeigt, dass insbesondere bei globalen Krisen viele Wechselwirkungen zu anderen Bereichen unseres Lebens bestehen.

Die gute Nachricht: Eine solche Widerstandsfähigkeit von Gemeinschaften kann, zumindest teilweise, gestärkt werden. »Resilienz zeigt sich«, so die Psychologie-Professorin Irmtraud Beerlage, »wenn die in allen Lebensbereichen im Vorfeld aufgebauten Schutz- und Bewältigungskapazitäten im Katastrophenfall in einer klaren, vorbereiteten aber auch flexiblen Struktur zusammengeführt werden können.« Im Vorfeld trage eine glaubwürdige Risikokommunikation unter Einbeziehung des lokalen Wissens der Bewohner:innen als »Experten ihres Lebensraumes« dazu bei, das Risikobewusstsein, die Notfallkompetenzen und den sozialen Zusammenhalt zu stärken. In der Katastrophe zeige sich Resilienz dann »als effizientere, kreative, bedürfnisorientierte und raschere Bewältigung, zu der eine ehrliche und offene Krisenkommunikation ebenso beiträgt wie eine vertrauensvolle und fehlerfreundliche Kooperation zwischen Bürgern und Behörden.«

Die Autor:innen der zuvor genannten Studie *Shaping a resilient future in response to COVID-19* haben einige weitere Faktoren herausgearbeitet, die für den Aufbau von Resilienz entscheidend sind, darunter die folgenden:

- Kritische Infrastrukturen (Einnahmequellen, Lieferketten, Versorgung) müssen abgesichert werden. Dafür braucht es mehrere alternative und gleichwertige Möglichkeiten und weniger komplexe Lieferketten.
- Auch langsame Veränderungen, wie das Aussterben einiger Arten, müssen möglichst schnell erkannt werden, um daraus zu lernen und sich bestmöglich anzupassen.
- Es braucht möglichst viel Inklusivität und Gerechtigkeit. Denn das ist entscheidend für den Aufbau von Vertrauen und hat weitreichende Auswirkungen auf die wirtschaftliche Stabilität, demokratische Prozesse und das menschliche Wohlbefinden.[311]

Gerade nach letzterem sieht es laut den Autor:innen jedoch derzeit nicht aus: »Die globalen Ungleichheiten erreichen heute ähnliche Höhen wie zur Hochzeit des westlichen Imperialismus zu Beginn des 20. Jahrhunderts und wurden durch die Pandemie weiter verschärft.« Steigende Ungleichheiten seien deshalb eine der zentralen Herausforderungen unserer Zeit.

Das zeigt sich am Beispiel des Globalen Südens: Viele Menschen leben dort schon heute mit lebens- und existenzbedrohenden Wetterextremen und sind deshalb bereits heute in starkem Maße auf ihre lokalen Netzwerke angewiesen. Für die meisten von ihnen gibt es keine Versicherungen, die für die verursachten Schäden aufkommen, kein Erspartes und keine Grundsicherung, die greift, wenn die Lebensgrundlage buchstäblich weggespült wurde oder vertrocknet ist.

Menschen in Deutschland sind in vielerlei Hinsicht privilegierter. Doch das Frühjahr 2022 hat deutlich gezeigt, dass mehrere globale Ereignisse – die COVID-19-Pandemie, Extremwetterereignisse mit katastrophalen Folgen und der Krieg in der Ukraine – auch hier zu Ausnahmesituationen führen können.[312] Diese Tendenz wird sich verstärken, die Resilienz muss dementsprechend steigen.

Auch der Weltklimarat betont, wie entscheidend es ist, Katastrophenrisiken zu managen und sich an den Klimawandel anzupassen, um unsere Widerstandsfähigkeit zu erhöhen.[313] Gleichzeitig stoße die Resilienz an Grenzen, nämlich dann, wenn der Klimawandel ungebremst fortschreite, Schwellenwerte überschritten und kritische Punkte im Erdsystem ausgelöst werden. Wir müssen also einerseits widerstandsfähiger werden, gleichzeitig aber auch strukturelle Ungleichheiten reduzieren und schnellstmöglich klimaneutral werden.

Fest steht: Wie wir auf Katastrophen reagieren, wie wir aufeinander Rücksicht nehmen und wie schnell wir in der Lage sind, einen Zustand wiederherzustellen, der von allen Akteur:innen als lebenswert empfunden wird, wird in Zukunft mitbestimmen, wie stabil unsere Gesellschaften sind.[314 315]

PROTEST

Immer mehr Menschen in Deutschland realisieren, welche katastrophalen Folgen die globale Erhitzung auch hierzulande haben wird. Anfang 2018 sahen nur 6 Prozent der Deutschen Klima, Energie und Versorgung als wichtigstes Problem an. Anfang 2023 wird es von 39 Prozent als wichtigstes Problem überhaupt wahrgenommen.[316] Zugleich sehen 82 Prozent der Deutschen einen großen oder sehr großen Handlungsbedarf beim Klimaschutz.[317]

Auch die Klimabewegung und ihre Protestformen haben sich in diesem Zeitraum stark verändert. Aus dem Protest der Schülerin Greta Thunberg, die im Jahr 2018 mit einem selbstgebastelten Schild in den Schulstreik ging, ist eine internationale Bewegung hervorgegangen, die anprangert, dass die Zukunft kommender Generationen mit der heutigen Klimapolitik zerstört werde. Anfangs wurde noch wild darüber diskutiert, ob man für Klimademos die Schule schwänzen darf. Mit zunehmender Dringlichkeit der Klimakrise wird auch der Protest fordernder. Manche würden sagen: radikaler. Protestierende blockieren gezielt wichtige Verkehrspunkte, besetzen Hörsäle oder stören Veranstaltungen. Die medial wirksamen Stör- und Blockadeaktionen sorgen für zahlreiche Schlagzeilen und teils heftige Kritik vieler Politiker:innen.[318] [319] [320]

Der Protestforscher Jannis Grimm sagt, die kritischen Medienreaktionen seien in den Protest eingepreist. »Das heißt: Die Aktionen sind darauf ausgerichtet, uns zu treffen, uns herauszufordern, zu schocken und zu destabilisieren. Und uns auch letztlich vor die Frage zu stellen: Was sind wir bereit hinzunehmen, was sind wir bereit zu tolerieren und aufzugeben, um Aufmerksamkeit für ein Thema zu erzeugen, das ungemein wichtig ist? Diese Disruptionswirkung, dieser Schockeffekt, der ist Teil und Kern der Aktion.«[321]

Schadet die vermeintliche Radikalisierung der Protestbewegung dem Klimaschutz und der Klimabewegung, wie viele behaupten? Zumindest lehnen laut einer Umfrage des SWR 85 Prozent der Deutschen die Protestform der *Letzten Generation* ab.[322]

Verschiedene Umfragen zeigen aber, dass deren zentralen Forderungen nach einem Tempolimit und einem Neun-Euro-Ticket für alle deutlich mehr Zustimmung finden.[323] [324]

Auch dass die als radikal empfundenen Proteste der restlichen Klimabewegung schaden, muss nicht so sein. Unter Umständen könnten die Aktionen sogar einen positiven Effekt auf die restliche Bewegung haben, indem diese potenziell als gemäßigter und moderater empfunden werden und so von Politik und Gesellschaft ernster genommen werden. Ob das passiert, ist derzeit noch nicht absehbar. Fest steht, dass die Berichterstattung trotz aller Kritik Öffentlichkeit generiert, durch die das Thema weiterhin seinen Platz im gesellschaftlichen und medialen Diskurs findet.

Raphael Thelen, früherer Journalist und heute Aktivist der Letzten Generation, sagt dazu: »Ich glaube, nur wenn wir radikal für Veränderung eintreten, wenn wir radikal unsere Rechte einfordern, nur wenn wir das bestimmt und auch wütend tun, glaube ich, dass wir das noch hinbekommen.« Die Letzte Generation appelliere dabei bewusst nicht, sondern übe mit ihren Blockaden Druck auf die Politik aus. Ziel sei es, dass letztlich ernsthaft verhandelt werden müsse.

Die Klimagerechtigkeitsbewegung hat es in kürzester Zeit geschafft, die Warnungen aus der Wissenschaft mit einer direkten und persönlichen Message in die Gesellschaft zu tragen. Aufmerksamkeit ist dabei eine Grundbedingung, um den Handlungsdruck auf die Politik zu erhöhen, damit die Impulse der Proteste bei der Lösungsumsetzung helfen können.

Die Medienpräsenz der Proteste und damit auch des Themas ist dabei die Rahmenbedingung, um einen Wandel in der Gesellschaft anzustoßen.

Ob dieser gelingt, hängt laut Raphael Thelen auch von der Beschäftigung mit den eigenen Gefühlen und Werten ab: »Wir müssen uns grundlegend neu überlegen: Wie wollen wir leben? Was ist schön, was ist gut, was ist richtig? Die Antworten darauf muss jeder für sich selber finden.«

GESELLSCHAFT

Die letzten Kapitel haben gezeigt: Vieles muss sich grundsätzlich ändern, wenn wir die Klimakatastrophe noch begrenzen wollen. Letztlich verändert sich aber nicht *die* Wirtschaft, *die* Ernährung oder *der* Verkehr. Vielmehr sind *wir* es, die gemeinschaftlich einen umfassenden Wandel vorantreiben und legitimieren – oder eben nicht.

Die Art, wie wir leben, wirtschaften, konsumieren, wählen, all das macht einen Unterschied. Dabei geht es nicht um Verbote und Verzicht, sondern um Zusammenhalt und Rücksicht.

Entscheiden wir uns, wieder mehr aufeinander Acht zu geben, die verletzlichsten Mitglieder unserer Gesellschaft zu unterstützen und gemeinsam gegen Ungerechtigkeiten vorzugehen? Oder setzen wir alles daran, nur unser eigenes Wohl im Blick zu haben? Schaffen wir es, über unsere Landesgrenzen hinweg zu denken und zu verstehen, dass diese Krise eine Gerechtigkeitsdimension hat, die uns alle etwas angeht?

Es wird sich zeigen, wie wir als gesellschaftliches Kollektiv diese Fragen beantworten werden. Was wir wissen ist, dass unsere Zukunft genau an dieser Stelle entschieden wird.[325] Denn einen sektorübergreifenden Wandel kann es nur geben, wenn wir ihn mittragen.

Nun könnte man meinen, von diesem Punkt sind wir noch Meilen entfernt. Tatsächlich reicht aber schon ein verhältnismäßig kleiner Teil der Bevölkerung aus, um umfangreiche Veränderungen anzustoßen. Diese *kritische Masse* liegt irgendwo zwischen 10 und 40 Prozent.[326] In diesem Zusammenhang wird oft von sozialen Kipppunkten gesprochen, die das Potential haben, große Veränderungen voranzutreiben. Diese Entwicklung muss nicht linear verlaufen, sondern kann, ähnlich wie bei den Kippelementen (siehe Kapitel *Kipppunkte*) plötzlich eintreten, wenn eine gewisse Schwelle überschritten wird. Eine Studie hat sechs Bereiche identifiziert, die den Wandel zu einer klimaneutralen Welt verstärken können, darunter eine umfassende Energie- und Finanzwende, priorisierte Klimabildung an Schulen und weiteren Bildungsinstitutionen und eine Offenlegung der Treibhausgasemissionen, die von Unternehmen emittiert werden.[327]

Letztlich gelten auch die Normen und Werte einer Gesellschaft als möglicher sozialer Kipppunkt. Ein solcher Wertewandel dauert zwar länger als ein gesetzlicher Beschluss, Investitionen von fossilen Energieträgern abzuziehen, kann aber mächtig sein. Denn als soziale Wesen werden wir stark von anderen Menschen beeinflusst. Der Drang, zu einer Gemeinschaft zu gehören, führt dazu, dass wir Verhaltensweisen von anderen abschauen. Das passiert schon im kleinen Rahmen: Wenn am Grillabend das Rote-Beete-Patty in der Überzahl ist, wird bei den Steak-Essenden ganz automatisch ein Prozess angestoßen, der zu weiterer Veränderung führen kann. Auch auf globaler Ebene gibt es Hinweise für einen solchen Normen- und Wertewandel, der durch Klimagerechtigkeitsbewegungen auf der ganzen Welt hervorgerufen wird.

Soziale Kipppunkte beeinflussen sich dabei auch gegenseitig. Je mehr Kipppunkte übertreten werden, desto höher ist die Chance, weitere auszulösen. Letztendlich kann dadurch eine Welle des Wandels erzeugt werden, die zu einer breiteren Akzeptanz und schnellen Umsetzung von Maßnahmen und strukturellen Veränderungen führt.

Das Konzept der sozialen Kipppunkte zeigt: Ein Wandel ist möglich, auch wenn es aktuell nicht danach aussehen mag. Alleine können wir diesen Wandel nicht auslösen. Das führt dazu, dass manche es gar nicht erst versuchen, andere dagegen verzweifeln.

Verständlich, denn diese Verantwortung kann und darf nicht auf den Schultern Einzelner liegen.

Doch als Teil einer Gruppe können wir das Gefühl von Ermächtigung zurückbekommen. Wenn wir klar vor Augen haben, welche Zukunft wir wollen und was auf dem Spiel steht, dann können wir gemeinsam eine Transformation unseres wirtschaftlichen, sozialen und politischen Systems erwirken.

Wir stehen an einem Scheideweg: Entweder wir wählen den Weg des gemeinschaftlichen Zusammenhalts und stehen gemeinsam gegen Ungerechtigkeiten ein. Oder wir verdrängen, machen weiter so, schotten uns ab, so lange, bis die Katastrophe uns einholt. Vor dieser Entscheidung stehen wir jeden Tag für den Rest unseres Lebens. Welche Entscheidung triffst du?

DANK

Dieses Buch hat uns zehn Monate lang begleitet, wir sind aber um Jahre daran gereift. Nicht nur haben wir uns intensiver denn je mit der Klimakrise beschäftigt und dabei das gesamte Spektrum an Gefühlen durchgemacht. Wir haben außerdem gelernt, in geschäftlichen Beziehungen auf unser Bauchgefühl zu hören und nicht über unsere Grenzen zu gehen. Der Verlag, der ursprünglich für dieses Buchprojekt auf uns zugekommen ist, hat sich im Umgang mit uns als unseriös herausgestellt und wir mussten letztlich mithilfe einer Anwältin von unserem Buchvertrag zurücktreten. Eine ganze Zeit lang dachten wir, das Projekt hätte sich damit für uns erledigt.

Dass dieses Buch nun doch das Licht der Welt erblicken darf, verdanken wir in erster Linie der weltbesten Instagram-Community, die unseren Beitrag *Wie wir von einem Verlag geghostet wurden* so lange geteilt, geliked und kommentiert hat, bis mehrere Verlage auf uns aufmerksam geworden sind. Der erste, riesige Dank geht deshalb an euch.

Ein großer Dank geht auch an alle Verlage und Literaturagenturen, die sich daraufhin bei uns gemeldet und uns die Chance auf eine Zusammenarbeit gegeben hätten.

Letztlich haben wir mit dem Katapult-Verlag ein perfektes Match gefunden und bedanken uns von ganzem Herzen bei Sebastian und seinem Team, die uns gezeigt haben, dass Zusammenarbeit auch anders geht.

Danke an Frank Böttcher, Nico Wunderling, Georg Guggenberger, Andreas Güntner, Martin Wild, Claudia Hunecke, Imeh Ituen, Andrea Vetter, Farah Daibes, Wolfgang Gründinger, Özden Terli, Hans Schipper, Lea Dohm, Mareike Schulze, Yana Bender, Michael Sterner, Katja Diehl, Katharina Reuter, Harald Kegler, Raphael Thelen, Marc Benecke und Irmtraud Beerlage, die ihre fachliche Expertise mit uns geteilt haben und sich teilweise mehrmals die Zeit genommen haben, unsere Fragen zu beantworten und uns Feedback zu geben.

Danke an Nadia Eser für deine Zeit und Expertise, deine aufmerksamen Anmerkungen und deine emotionale Unterstützung.

Danke an den zehnstündigen *ADHD-Music-Mix*, der uns durch den ein oder anderen Arbeitstag gebracht hat.

Danke an unsere Familien und Freund:innen, die während der ganzen Zeit mitgefiebert, uns Mut gemacht, Halt gegeben und außerdem verziehen haben, wenn wir mit dem Kopf woanders waren.

Und natürlich danke an euch, dass ihr euch dieses Buch hier gekauft habt (oder habt schenken lassen), und dass ihr euch die Zeit genommen habt, euch über das vielleicht wichtigste Thema unserer Zeit zu informieren.

ANN-SOPHIE, ROBIN UND ANNIKA

ENDNOTEN

VORWORT

1 van Laak, Claudia: Klima-Bürgerrat in Berlin. 47 Empfehlungen an die Politik, auf: www.deutschlandfunkkultur.de (01.07.2022).

2 Engelhardt, Vera: Pilotprojekt im Breisgau. Freiburger Bürgerrat hat jede Menge Ideen für mehr Klimaschutz, auf: www.swr.de (20.09.2022).

3 Mehr Demokratie e. V. (Hg.): Ein Bürgerrat für's Klima, auf: www.buergerrat.de (zuletzt aufgerufen 26.09.2023).

HEUTE

4 Rigal, Stanislas; Dakos, Vasilis; Alonso, Hany; Devictor, Vincent: Farmland practices are driving bird population decline across Europe, in: PNAS 120, 21 (2023), S. 1.

5 Bilanz Amphibienaktion 2022: Klimakrise – Sorge um Grasfrosch und Erdkröte wächst, auf: www.bund-naturschutz.de (zuletzt aufgerufen 27.10.2023).

6 Hallmann, Caspar A. u. a.: More than 75 percent decline over 27 years in total flying insect biomass in protected areas, in: PLoSONE 12, 10 (2017), S. 1.

7 Spiecker, Heinrich; Kahle, Hans-Peter: Climate-driven tree growth and mortality in the Black Forest, Germany—Long-term observations, in: Global Change Biology 29, 20 (2023), S. i-ii, 5.741-5.981, hier: S. 5.908.

8 Umweltbundesamt (Hg.): Indikator: Heiße Tage, auf: www.umweltbundesamt.de (14.12.2022).

9 Tradowsky, Jordis S. u. a.: Attribution of the heavy rainfall events leading to severe flooding in Western Europe during July 2021, in: Climatic Change 176, 90 (2023), S. 1.

10 IPCC (Hg.): Summary for Policymakers, in: Climate Change 2021. The Physical Science Basis. Contribution of Working Group I to the Sixth Assessment Report of the Intergovernmental Panel on Climate Change, Cambridge, New York 2021, S. 4.

11 Umweltbundesamt (Hg.): Beobachtete und künftig zu erwartende globale Klimaänderungen, auf: www.umweltbundesamt.de (21.06.2022).

12 IPCC (Hg.) 2021, S. 18, siehe Endnote 10.

13 World Meteorological Organization (Hg.): State of the Global Climate 2020, Genf 2021, S. 6.

14 Copernicus (Hg.): Summer 2023: the hottest on record, auf: www.climate.copernicus.eu, (06.09.2023).

15 Tradowsky, Jordis S. u. a. 2023, S. 1, siehe Endnote 9.

16 Spiecker, Heinrich; Kahle, Hans-Peter 2023, S. 5.908, siehe Endnote 7.

17 Bundesministerium für wirtschaftliche Entwicklung und Zusammenarbeit (Hg.): Treibhausgase, auf: www.bmz.de (zuletzt aufgerufen 31.07.2023).

18 Klimafakten.de (Hg.): Behauptung: Der CO2-Anstieg ist nicht Ursache, sondern Folge des Klimawandels, auf: www.klimafakten.de (zuletzt aufgerufen 31.07.2023).

19 Leopoldina Nationale Akademie der Wissenschaften (Hg.): Climate change: causes, consequences and possible actions. Fact Sheet, Halle (Saale) 2021, S. 6.

20 Wiegandt, Klaus: 3 Grad mehr. Ein Blick in die drohende Heißzeit und wie uns die Natur helfen kann, sie zu verhindern, München 2022, S. 13.

21 Chiarenza, Alfio Alessandro; Farnsworth, Alexander: Asteroid impact, not volcanism, caused the end-Cretaceous dinosaur extinction, in: PNAS 117, 29 (2020), S. 17.084-17.093, hier: S. 17.084.

22 Kornei, Katherine: Life rebounded just years after the dinosaur-killing asteroid struck. Ocean water delivered oxygen to small animals in the crater, auf: www.science.org (30.05.2018).

23 Sandal, Massimo: Erdgeschichte. Nach dem Weltuntergang, auf: www.spektrum.de (16.06.2021).

24 Helmholtz-Klima-Initiative (Hg.): Wie wichtig Biodiversität für den Klimaschutz ist – und umgekehrt, auf: www.helmholtz-klima.de (11.05.2022).

25 Winkler, K.; Fuchs, R.; Rounsevell, M. u. a.: Global land use changes are four times greater than previously estimated, in: Nature Communications 12, 1501 (2021), S. 2.

26 IPCC (Hg.): Climate Change 2023. Impacts, Adaptation and Vulnerability. Frequently Asked Questions. Contribution of Working Group II to the Sixth Assessment Report of the Intergovernmental Panel on Climate Change. Cambridge, New York 2022, S. 13 f.

27 ipbes (Hg.): Das globale Assessment der Biologischen Vielfalt und Ökosystemleistungen. Zusammenfassung für politische Entscheidungsträger, Bonn 2019, S. 12.

28 Schowalter, T. D.; Noriega, J. A.; Tscharntke, T.: Special issue: Insect effects on ecosystem services - Introduction, in: Basic and Applied Ecology 26, 6 (2017), S. 1-7, hier: S. 2.

29 Stockholm, Resilience Center (Hg.): The nine planetary boundaries, auf: www.stockholresilience.org (zuletzt aufgerufen 10.10.2023).

30 World Health Organization (Hg.): Climate change, auf: www.who.int (25.01.2023).

31 Deutscher Wetterdienst, Extremwetterkongress Hamburg (Hg.): Was wir 2023 über das Extremwetter in Deutschland wissen. Stand der Wissenschaft zu extremen Wetterphänomenen im Klimawandel in Deutschland, Hamburg 2023, S. 7.

32 Umweltbundesamt (Hg.): Gesundheitsrisiken durch Hitze, auf: www.umweltbundesamt.de (25.01.2023).

33 World Health Organization (Hg.): Heat and Health, auf: www.who.int (01.08.2018).

34 Winklmayr, Claudia; Muthers, Stefan; Niemann, Hildegard; Mücke, Hans-Guido; an der Heiden, Matthias: Hitzebedingte Mortalität in Deutschland zwischen 1992 und 2021, in: Deutsches Ärzteblatt 119, 26 (2022), S. 451-457, hier: S. 451.

35 Ballester, Joan u. a.: Heat-related mortality in Europe during the summer of 2022, in: Nature Medicine 29 (2023), S. 1.857-1.866, hier: S. 1.857.

36 European Environment Agency (Hg.): Premature deaths due to air pollution continue to fall in the EU, more efforts needed to deliver a toxic-free environment, auf: www.eea.europa.eu (24.11.2022).

37 Zhang, Yingxiao; Steiner, Allison L: Projected climate-driven changes in pollen emission season length and magnitude over the continental United States, in: Nature Communications 13, 1234 (2022), S. 1.

38 Heinz, Andreas; Meyer-Lindenberg, Andreas: Klimawandel und psychische Gesundheit. Positionspapier einer Task-Force der DGPPN, in: Der Nervenarzt 94 (2023), S. 225-233, hier: S. 226.

39 Comtesse, Hannah u. a.: Ecological Grief as a Response to Environmental Change: A Mental Health Risk or Functional Response?, in: Int. J. Environ. Res. Public Health 18, 734 (2021), S. 1.

40 Carlson, Colin J.; Albery, Gregory F. u. a.: Climate change increases cross-species viral transmission risk, in: Nature 607 (2022), S. 555-562, hier: S. 555.

41 FAO, ITPS, GSBI, CBD and EC (Hg.): State of knowledge of Soil Biodiversity – Status, challenges and potentialities, Rom 2020, S. 13.

42 FAO (Hg.): Soil Organic Carbon: the hidden potential, Rom 2017, S. 6.

43 Bundesministerium für Umwelt, Naturschutz, nukleare Sicherheit und Verbraucherschutz (Hg.): Flächenverbrauch – Worum geht es?, auf: www.bmuv.de (zuletzt aufgerufen 10.10.2023).

44 Heinrich-Böll-Stiftung, Bund für Umwelt und Naturschutz Deutschland, Michael Succow Stiftung (Hg.): Mooratlas: Daten und Fakten zu nassen Klimaschützern, Berlin, Greifswald 2023, S. 6.

45 Schrumpf, Marion; Trumbore, Susan: Unser wichtigster Kohlenstoffspeicher: Wie der Boden als dünne Haut der Erde globale Stoffkreisläufe und das Klima beeinflusst, auf: www.mpg.de (zuletzt aufgerufen 26.10.2023).

46 Potsdam-Institut für Klimafolgenforschung (Hg.): Kippelemente – Großrisiken im Erdsystem. Aktueller Forschungsstand: Kippelemente, auf: www.pik-potsdam.de (zuletzt aufgerufen 20.10.2023).

47 Gruber, Nicolas u. a.: The oceanic sink for anthropogenic CO2 from 1994 to 2007, in: Science 363, 6432 (2019), S. 1.193-1.199, hier: S. 1.193.

48 Biological Impacts of Ocean Acidification (BIOACID), PtJ, BMBF (Referat System Erde): Ozeanversauerung. Das andere Kohlendioxid-Problem, auf: www.bioacid.de (2016), S. 4.

49 Bialik, Or M., Sisma-Ventura, Guy u. a.: Role of oceanic abiotic carbonate precipitation in future atmospheric CO2 regulation, in: Scientific Reports 12, 15970 (2022), S. 3 f.

50 Climate Change Institute, University of Maine (Hg.): Daily Sea Surface Temperature, auf: www.climatereanalyzer.org (zuletzt aufgerufen 14.11.2023).

51 Cheng, L., Abraham, J., u. a.: Another Year of Record Heat for the Oceans, in: Advances in Atmospheric Sciences 40 (2023), S. 963-974, hier: S. 970.

52 IPCC (Hg.): Summary for Policymakers, in: Global Warming of 1.5 °C. An IPCC Special Report on the impacts of global warming of 1.5 °C above preindustrial levels and related global greenhouse gas emission pathways, in the context of strengthening the global response to the threat of climate change, sustainable development, and efforts to eradicate poverty, Cambridge, New York 2018, S. 8.

53 Cheng, L., u. a.: Record-Setting Ocean Warmth Continued in 2019, in: Advances in Atmospheric Sciences 37 (2020), S. 137-142, hier: S. 140 f.

54 Zachariah, Mariam u. a.: Extreme heat in North America, Europe and China in July 2023 made much more likely by climate change, in: Imperial College London (2023), S. 1.

55 Umweltbundesamt (Hg.): Niedrigwasser, Dürre und Grundwasserneubildung – Bestandsaufnahme zur gegenwärtigen Situation in Deutschland, den Klimaprojektionen und den existierenden Maßnahmen und Strategien, auf: www.umweltbundesamt.de (2021), S. 16.

56 Güntner, Andreas u. a.: Veränderungen der Wasserspeicherung in Deutschland seit 2002 aus Beobachtungen der Satellitengravimetrie, in: Hydrologie & Wasserbewirtschaftung, 67 (2023), S. 74-89, hier: S. 85.

57 Joeres, Annika; Steeger, Gesa; Huth, Katharina; Donheiser, Max; Wörpel, Simon: Grundwasser-Atlas: Wo in Deutschland das Grundwasser sinkt, auf: www-correctiv.org (zuletzt aufgerufen 20.10.2023).

58 BUND (Hg.): Auswirkungen des Klimawandels auf den Wasserhaushalt, auf: www.bund.net (zuletzt aufgerufen 31.07.2023).

59 Bender, S. u. a.: Der Einfluss des Klimawandels auf die terrestrischen Wassersysteme in Deutschland: Eine Analyse ausgesuchter Studien der Jahre 2009 bis 2013, in: Climate Service Center Germany, 29 (2017), S. 46 f.

60 World Meteorological Organization (Hg.): 2021 State of climate services water, Genf 2021, S. 5.

61 European Environment Agency (Hg.): Europe's air quality status 2023, auf: www.eea.europa.eu (24.04.2023).

62 Kinne, Stefan; Quaas, Johannes: Einfluss der Luftverschmutzung auf den Klimawandel – neue Erkenntnisse aus Satellitendaten und Klimamodellen, auf: www.mpg.de (2017), S. 2.

63 Quaas, Johannes u. a.: Robust evidence for reversal of the trend in aerosol effective climate forcing, in: Atmos. Chem. Phys. 22, 18 (2022). S. 12.221-12.239, hier: S. 12.222.

64 European Environment Agency (Hg.): Europe's air quality status 2023, auf: www.eea.europa.eu (24.04.2023), siehe Endnote 61.

65 World Health Organization (Hg.): Ambient (outdoor) air pollution, auf: www.who.int (19.12.2022).

66 World Meteorological Organization, Global Atmosphere Watch (Hg.): WHO Air Quality and Climate Bulletin, Genf 2023, S. 1.

67 Forschungsinstitut für Nachhaltigkeit Helmholtz-Zentrum Potsdam (Hg.): Luftverschmutzung und Klimawandel, auf: www.rifs-potsdam.de (zuletzt aufgerufen 26.10.2023).

68 Umweltbundesamt (Hg.): Energiebedingte Emissionen von Klimagasen und Luftschadstoffen, auf: www.umweltbundesamt.de (19.01.2024).

69 Statistisches Bundesamt Destatis (Hg.): Land- und Forstwirtschaft, Fischerei. Bodennutzung der Betriebe (Landwirtschaftlich genutzte Flächen), Fachserie 3, Reihe 3.1.2 (2022), S. 4.

70 Deutscher Bauernverband (Hg.): Situationsbericht 2022/23. Trends und Fakten zur Landwirtschaft, 2022, S. 17 f.

71 Heinrich-Böll-Stiftung, Bund für Umwelt und Naturschutz Deutschland, PAN Germany und Le Monde Diplomatique (Hg.): Pestizidatlas 2022. Daten und Fakten zu Giften in der Landwirtschaft, Berlin, Hamburg 2022, S. 24.

72 Hoffmann, Jörg; Wahrenberg, Tim: Effects of cultivation practice on floristic and flowering diversity of spontaneously growing plant species on arable fields, in: Ecology and Evolution 11, 21 (2021), S. 15.351-15.363, hier: S. 15.351.

73 Gamage, Ashoka u. a.: Role of organic farming for achieving sustainability in agriculture, in: Farming System 1, 1 (2023), S. 1.

74 Smith, Laurence G.; Kirk, Guy J. D.; Kirk, Philip J.; Williams, Adrian G.: The greenhouse gas impacts of converting food production in England and Wales to organic methods, in: Nature Communications 10, 4641 (2019), S. 6.

75 Umweltbundesamt (Hg.): Beitrag der Landwirtschaft zu den Treibhausgas-Emissionen, auf: www.umweltbundesamt.de (11.04.2023).

76 Umweltbundesamt (Hg.): Lachgas und Methan, auf: www.umweltbundesamt.de (22.06.2022).

77 Heinrich-Böll-Stiftung, Bund für Umwelt und Naturschutz Deutschland und der Michael Succow Stiftung (Hg.) 2023, S. 30.

78 IPCC (Hg.): Summary for Policymakers. in: Climate Change 2023. Synthesis Report. Contribution of Working Groups I, II and III to the Sixth Assessment Report of the Intergovernmental Panel on Climate Change, Genf 2023, S. 5.

79 Bundesministerium für Ernährung und Landwirtschaft (Hg.): Trockenheit und Dürre – Überblick über Maßnahmen, auf: www.bmel.de (zuletzt aufgerufen 27.10.2023).

80 Jägermeyr, Jonas u. a.: Climate impacts on global agriculture emerge earlier in new generation of climate and crop models, in: Nature Food, 2 (2021), S. 873-885, hier: S. 873.

81 FAO (Hg.): Scientific review of the impact of climate change on plant pests, Rom 2021, S. ix.

82 Prognos und Bundesministerium für Wirtschaft und Klimaschutz (Hg.): Schäden der Dürre- und Hitzeextreme 2018 und 2019, Berlin 2022, S. 7.

83 Umweltbundesamt (Hg.) 2023, siehe Endnote 75.

84 Fuß, Roland; Vos, Cora; Rösemann, Claus: Treibhausgas-Emissionen aus der Landwirtschaft, auf: www.thuenen.de (16.03.2023).

85 Twine, Richard: Emissions from Animal Agriculture—16.5% Is the New Minimum Figure, in: Sustainability 13, 6276 (2021), S. 3.

86 Statistisches Bundesamt (Hg.): Globale Tierhaltung, Fleischproduktion und Fleischkonsum, auf: www.destatis.de (zuletzt aufgerufen 27.10.2023).

87 Heinrich-Böll-Stiftung; Bund für Umwelt und Naturschutz Deutschland; Le Monde Diplomatique (Hg.): Fleischatlas. Daten und Fakten über Tiere als Nahrungsmittel. Berlin 2021, S. 4, 22.

88 Pendrill, Florence; Gardner, Tobi u. a.: Disentangling the numbers behind agriculture-driven tropical deforestation, in: Science 377, 661 (2022), S. 1.

89 WWF (Hg.): Stepping up? The continuing impact of EU consumption on nature worldwide, auf: www.wwf.nl (2021), S. 5.

90 Gibbens, Sarah: Hoher Fleischkonsum gefährdet die Ernährungssicherheit, auf: www.nationalgeographic.de (17.01.2019).

91 Bundesministerium für Ernährung und Landwirtschaft (Hg.): Versorgungsbilanzen. Fleisch, auf: www.bmel-statistik.de (zuletzt aufgerufen 27.10.2023).

92 BMUV (Hg.): Übereinkommen von Paris, auf: www.bmuv.de (zuletzt aufgerufen 20.01.2024).

MORGEN

93 World Meteorological Organization (Hg.): WMO update: 50:50 chance of global temperature temporarily reaching 1.5°C threshold in next five years, auf: www.public.wmo.int (09.05.2022).

94 IPCC (Hg.) 2023, S. 10, siehe Endnote 78.

95 UN (Hg.): Emissions gap report 2022. The Closing Window. Climate crisis calls for rapid transformation of societies, auf: www.unep.org (2022), S. XVI.

96 Show your budgets (Hg.): Pfade zu Netto-Null-Emissionen für versch. CO2-Budgets, auf: www.showyourbudgets.org (zuletzt aufgerufen 27.10.2023).

97 World Meteorological Organization (Hg.) 2022, siehe Endnote 93.

98 IPCC (Hg.): Summary for Policymakers, in: Climate Change 2022. Mitigation of Climate Change. Contribution of Working Group III to the Sixth Assessment Report of the Intergovernmental Panel on Climate Change. Cambridge, New York 2022, S. 22.

99 Stern, Nicholas: Stern Review. The Economics of Climate Change. Cambridge 2006, S. 107.

100 Potsdam-Institut für Klimafolgenforschung (Hg.) 2023, siehe Endnote 46.

101 Boulton, Chris A.; Lenton, Timothy M.; Boers, Niklas: Pronounced loss of Amazon rainforest resilience since the early 2000s, in: Nature Climate Change 12 (2022), S. 271-278, hier: S. 277.

102 Wunderling, Nico; Donges, Jonathan F.; Kurths, Jürgen, Winkelmann, Ricarda: Interacting tipping elements increase risk of climate domino effects under global warming, in: Earth System Dynamics 12, 2 (2021), S. 603.

103 Potsdam-Institut für Klimafolgenforschung (Hg.) 2023, siehe Endnote 46.

104 Lambrecht, Oda; Baars, Christian: Klimaschutz. Ein CO2-Budget für jeden?, auf: www.tagesschau.de (12.01.2023).

105 Umweltbundesamt (Hg.): Treibhausgasminderungsziele Deutschlands, auf: www.umweltbundesamt.de (02.05.2023).

106 ebenda.

107 Mercator Research Institute on Global Commons and Climate Change (Hg.): That's how fast the Carbon Clock is ticking, auf: www.mmc-berlin.net (zuletzt aufgerufen 01.11.2023).

108 IPCC (Hg.) 2018, S. 1-24, siehe Endnote 52.

109 IPCC (Hg.) 2018, S. 8, siehe Endnote 52.

110 FAO (Hg.): Part 2. Towards blue transformation, auf: www.fao.org (zuletzt aufgerufen 01.11.2023).

111 IPCC (Hg.) 2018, S. 8, siehe Endnote 52.

112 Rantanen, Mika u. a.: The Arctic has warmed nearly four times faster than the globe since 1979, in: Communications Earth & Environment 3, 168 (2022), S. 1.

113 IPCC (Hg.) 2018, S. 8, siehe Endnote 52.

114 IPCC (Hg.): Summary for Policymakers. in: Climate Change 2022. Impacts, Adaptation and Vulnerability. Contribution of Working Group II to the Sixth Assessment Report of the Intergovernmental Panel on Climate Change. Cambridge, New York 2022, S. 13.

115 Diffenbaugh, Noah S.; A. Barnes, Elizabeth: Data-driven predictions of the time remaining until critical global warming thresholds are reached. PNAS 120, 6 (2023), S. 2.

116 Vargas Zeppetello, Lucas R.; Raftery; Adrian E.; Battisti, David S.: Probabilistic projections of increased heat stress driven by climate change, in: Communications Earth & Environment 3, 183 (2022), S. 1.

117 Gesamtverband der Deutschen Versicherungswirtschaft e. V., Climate Service Center (Hg.): Machbarkeitsstudie »Starkregenrisiko 2050« Abschlussbericht, auf: www.climate-service-center.de (2012), S. 20.

118 Staud, Toralf; Reimer, Nick: Deutschland 2050: Wie der Klimawandel unser Leben verändern wird. Köln 2023, S. 17.

119 Climate Action Tracker (Hg.): Warming Projections Global Update. December 2023, auf: climateactiontracker.org (zuletzt aufgerufen 03.01.2024).

120 Willeit, M., Ganopolski, A.; Calov, R.; Brovkin, V.: Mid-Pleistocene transition in glacial cycles explained by declining CO2 and regolith removal, in: Science Advances 5, 4 (2019), S. 1.

121 Climate Action Tracker (Hg.): The CAT Thermometer, auf: www.climateactiontracker.org (zuletzt aufgerufen 26.01.2024).

122 Bressler, R. Daniel: The mortality cost of carbon, in: Nature Communications 12, 4467 (2021), S. 5.

123 Xu, Chi u. a.: Future of the human climate niche, in: Proceedings of the National Academy of Sciences 117, 21 (2020), S. 11.350-11.355, hier: S. 11.350.

UNGLEICHHEIT

124 Bundesministerium für wirtschaftliche Zusammenarbeit und Entwicklung (Hg.): Klimagerechtigkeit, auf: www.bmz.de (zuletzt aufgerufen 01.11.2023).

125 IPCC (Hg.): Climate Change and Land: An IPCC special report on climate change, desertification, land degradation, sustainable land management, food security, and greenhouse gas fluxes in terrestrial ecosystems. Cambridge, New York 2019, S. 90.

126 Thiery, Wim u. a.: Intergenerational inequities in exposure to climate extremes. in: Science 374, 6564 (2021), S. 158-160, hier: S. 158.

127 Umweltbundesamt (Hg.): Folgen des globalen Klimawandels für die deutsche Wirtschaft, auf: www.umweltbundesamt.de (28.04.2020).

128 Show your Budgets (Hg.): Pfade zu Netto-Null-Emissionen für versch. CO2-Budgets: EU, auf: www.showyourbudgets.org (zuletzt aufgerufen 01.11.2023).

129 Show your Budgets (Hg.): Pfade zu Netto-Null-Emissionen für versch. CO2-Budgets: USA, auf: www.showyourbudgets.org (zuletzt aufgerufen 01.11.2023).

130 Natural Resources Defense Council (Hg.): Expert Blog. COP28 Climate Funds Pledge Tracker, auf: www.nrdc.org (09.12.2023).

131 Oxfam (Hg.): Survival of the richest. How we must tax the super-rich now to fight inequality, Oxford 2023, S. 17.

132 Umweltbundesamt (Hg.): Einkommen, Konsum, Energienutzung, Emissionen privater Haushalte, auf: www.umweltbundesamt.de (16.09.2023).

133 Chancel, L.; Bothe, P.; Voituriez, T.: Climate Inequality Report 2023, auf: www.wid.world (2023), S. 25.

134 World Inequality Database (Hg.): Carbon inequality, Germany, 1980-2019, auf: www.wid.world (zuletzt aufgerufen 29.11.2023).

135 Oxfam (Hg.): Carbon billionaires. The investment emissions of the world's richest people, auf: www.oxfam.de (2022), S. 2.

136 McClure, Tess: Billionaire Peter Thiel refused consent for sprawling lodge in New Zealand, auf: www.theguardian.com (18.08.2022).

137 Mayr, Walter: Luxuswohnanlage in Österreich. Arche Noah der Reichen, auf: www.spiegel.de (06.05.2022).

138 ZDF Magazin Royale (Hg.): Rette sich, wer (es sich leisten) kann, auf: www.youtube.com (03.02.2023).

139 Redanz, Katharina: Abgase, Lärm, Hitze. Arme Menschen leiden am stärksten unter dem Klimawandel, auf: www.wiwo.de (13.08.2019).

140 Gössling, Stefan; Humpe, Andreas: Millionaire spending incompatible with 1.5 °C ambitions, in: Cleaner Production Letters 4 (2023), S. 4.

141 Cass, Noel; Büchs, Milena; Lucas, Karen: How are high-carbon lifestyles justified? Exploring the discursive strategies of excess energy consumers in the United Kingdom, in: Energy Research & Social Science 97 (2023), S. 9.

142 Westram, Heike: Ein festes CO2-Budget pro Kopf – wie ginge das?, auf: www.br.de (25.01.2023).

143 IPCC (Hg.) 2021, S. 12, siehe Endnote 10.

144 von Ruschkowski, Katharina: Kolumbus und die Eroberung Amerikas, auf: www.planet-wissen.de (zuletzt aufgerufen 01.11.2023).

145 Hasanbeigi, Ali, Darwili, Aldy: Embodied Carbon in Trade: Carbon Loophole, auf: www.globalefficiencyintel.com (2022), S. 2.

146 Nagendra, Harini: The global south is rich in sustainability lessons that students deserve to hear, auf: www.nature.com (23.05.2018).

147 Franzki, Hannah; Kwesi Aikins, Joshua: Postkoloniale Studien und kritische Sozialwissenschaft, in: Prokla 156 (2009), S. 391-405, hier: S. 391.

148 Ituen, Imeh; Hey, Lisa Tatu: Der Elefant im Raum – Umweltrassismus in Deutschland, auf: www.boell.de (2021), S. 4 f.

149 Yeter, Deniz; Banks, Ellen C.; Aschner, Michael: Disparity in Risk Factor Severity for Early Childhood Blood Lead among Predominantly African-American Black Children: The 1999 to 2010 US NHANES, in: International Journal of Environmental Research and Public Health 17, 1552 (2020), S. 14.

150 Kleinschmidt, Malte: Dekoloniale politische Bildung. Eine empirische Untersuchung von Lernendenvorstellungen zum postkolonialen Erbe. Wiesbaden 2021, S. 1-4.

151 Thompson, Audrey: Decolonizing the humanities: striving to make the arts and media more diverse, auf: www.nature.com (25.05.2023).

152 Andreoli, Josephine: Wie hängen Klimakrise und Patriarchat zusammen? Luisa Neubauer tritt Diskussion auf Twitter los, auf: www.watson.de (18.03.2022).

153 Wansig, Gudrun; Schäfers, Markus; Köbsell, Swantje (Hg.): Teilhabenforschung – Konturen eines neuen Forschungsfeldes. Wiesbaden 2021, S. 181.

154 World Economic Forum (Hg.): Global Gender Gap Report 2023, Genf 2023, S. 5.

155 Rahiem, D.H. Maila; Rahim, Husni; Ersing, Robin: Why did so many women die in the 2004 Aceh Tsunami? Child survivor accounts of the disaster, in: International Journal of Disaster Risk Reduction 55, 102069 (2021), S. 4 f.

156 Oxfam (Hg.): The tsunami's impact on women. The tsunami's impact on women, Oxford 2005, S. 2.

157 van Daalen, Kim Robin u. a.: Extreme events and gender-based violence: a mixed-methods systematic review, in: The Lancet Planetary Health 6, 6 (2022), S. e504-523, hier: S. e504.

158 IUCN (Hg.): Gender-based violence and environment linkages. The violence of inequality, Gland 2020, S. 6 f.

159 Oxfam (Hg.): Time to care: Unpaid and underpaid care work and the global inequality crisis, Oxford 2020, S. 10.

160 Bundeszentrale für politische Bildung (Hg.): Kapitalismus, auf: www.bpb.de (zuletzt aufgerufen 01.11.2023).

161 Repórter Brasil, Romero Initiative (Hg.): Case Study on Land Conflicts in the Soy Supply Chain: Coamo and the Guarani and Kaiowá Indigenous Lands in Mato Grosso do Sul, São Paolo, Münster 2022, S. 35.

162 Mighty Earth (Hg.): Saving the Cerrado: Why Supermarkets, Bunge and Governments Must Act Fast, Washington 2023, S. 3.

163 Oxfam (Hg.) 2023, S. 19, siehe Endnote 131.

164 Umweltbundesamt (Hg.): Umweltgerechtigkeit stärker verankern. Handlungsempfehlungen für Bund und Länder, Dessau-Roßlau 2022, S. 12 f.

165 Earth Overshoot Day (Hg.): German Overshoot Day 2023: 4. Mai, auf: www.overshoot.footprintnetwork.org (zuletzt aufgerufen 01.11.2023).

166 Beckert, Jens: Verkaufte Zukunft Dilemmata des globalen Kapitalismus in der Klimakrise, Köln 2022, S. 6 f.

167 Di Dio, Davide: Faire Preisgestaltung. Die wahren Kosten unserer Lebensmittel, auf: www.tagesschau.de (28.05.2023).

168 Umweltbundesamt (Hg.): Gesellschaftliche Kosten von Umweltbelastungen, auf: www.umweltbundesamt.de (10.08.2023).

169 Deutsche Emissionshandelsstelle (Hg.): Ausweitung des Anwendungsbereichs, auf: www.dehst.de (zuletzt aufgerufen 10.01.2024).

KOMMUNIKATION

170 Lakoff, George; Wehling, Elisabeth: Auf leisen Sohlen ins Gehirn. Politische Sprache und ihre heimliche Macht, Heidelberg, 2009, S. 73.

171 Deckwirth, Christina; Katzemich, Nina: Pipelines in die Politik: Die Macht der Gaslobby in Deutschland, auf: www.lobbycontrol.de (15.02.2023).

172 Schurmann, Sara: Die Klimakrise eskaliert und der Journalismus kommt nicht hinterher, auf: www.uebermedien.de (07.09.2022).

173 Netzwerk Klimajournalismus (Hg.): Charta des Netzwerks Klimajournalismus Deutschland, auf: www.klimajournalismus.de (zuletzt aufgerufen 24.10.2023).

174 KLIMA° vor acht (Hg.): Programmauswertung: Wir haben mal nachgezählt, auf: www.klimavoracht.de (zuletzt aufgerufen 24.10.2023).

175 Vorwerk, Katharina: Vom prekären Verhältnis zwischen Wissenschaft und Politik, auf: www.idw-online.de (19.01.2023).

176 Bonneuil, Christophe u. a.: Early warnings and emerging accountability: Total's responses to global warming, 1971-2021, in: Global Environmental Change 71, 102386 (2021), S. 4.

177 Oreskes, N.; Supran, G.; Rahmstorf, S.: Assessing ExxonMobil's global warming projections, in: Science 379, 6628 (2023), S. 6.

178 Climate Files (Hg.): 1998 American Petroleum Institute Global Climate Science Communications Team Action Plan, auf: www.climatefiles.com (zuletzt aufgerufen 24.10.2023).

179 Spiegel (Hg.): Gehaltsaffäre: RWE soll 40 weitere Politiker auf Lohnliste haben, auf: www.spiegel.de (21.12.2004).

180 Deckwirth, Christina: Lobbyismus bremst Klimaschutz: problematische Nähe zwischen fossiler Industrie und Politik, auf: www.lobbycontrol.de (24.09.2021).

181 Rahmstorf, Stefan: Der Klimawandel: Fünfzig Jahre Zaudern, auf: www.project-syndicate.org (09.11.2015).

182 Deutsche Umwelthilfe (Hg.): Der goldene Geier 2021, auf: www.duh.de (zuletzt aufgerufen 24.10.2023).

183 Deutsche Umwelthilfe (Hg.): Deutsche Umwelthilfe verleiht Shell Goldenen Geier für die dreisteste Umweltlüge 2022: Vermeintlicher »CO2-Ausgleich« für 1,1 Cent pro Liter Sprit, auf: www.duh.de (20.09.2022).

184 Influence Map (Hg.): Big Oil's Real Agenda on Climate Change 2022, auf: www.influencemap.org (zuletzt aufgerufen: 24.10.2023).

185 Kick big polluters out (Hg.): Release: Record number of fossil fuel lobbyists at COP28, auf: www.kickbigpollutersout.org (05.12.2023).

186 YouGov (Hg.): Gedanke an Nachhaltigkeit beeinflusst die Ess- und Einkaufsgewohnheiten der Mehrheit der Deutschen, auf: www.yougov.de (28.04.2021).

187 Simon Kucher (Hg.): Sustainability Study 2022: Nachhaltigkeit bleibt eines der wichtigsten Kaufkriterien, auf: www.simon-kucher.com (08.11.2022).

188 New Climate Institute, Carbon Market Watch (Hg.): Corporate Climate Responsibility Monitor 2023. Assessing the transparency and integrity of companies' emission reduction and net zero targets, auf: www.newclimate.org (2023), S. 8.

189 Europäische Kommission (Hg.): Vorschlag für eine Richtlinie des Europäischen Parlaments und des Rates über die Begründung ausdrücklicher Umweltaussagen und die diesbezügliche Kommunikation (Richtlinie über Umweltaussagen), Brüssel 2023, S. 14.

190 Europäisches Parlament (Hg.): Parlament stimmt für Regeln für haltbarere Produkte und gegen Grünfärberei, auf: www.europarl.europa.eu (11.05.2023).

191 Quelle: DIHK (Hg.): Stellungnahme zum Vorschlag für eine Richtlinie des Europäischen Parlaments und des Rates über die Begründung ausdrücklicher Umweltaussagen und die diesbezügliche Kommunikation (Richtlinie über Umweltaussagen, sog. Green Claims-Richtlinie) COM(2023) 166 final vom 22.03.2023, Berlin 2023, S. 1-3.

KLIMAGEFÜHLE

192 Mamat, Zulkayda; Anderson, Michael C.: Improving mental health by training the suppression of unwanted thoughts, in: Science Advances 9, 38 (2023), S.1.

193 Bertelsmann-Stiftung (Hg.): Einstellungen und Sorgen der jungen Generation Deutschlands, auf: www.bertelsmann-stiftung.de (zuletzt aufgerufen 24.10.2023).

194 Dohm, Lea; Schulze Mareike: Klimagefühle. Wie wir an der Umweltkrise wachsen, statt zu verzweifeln, München 2022, S. 79, 83 f.

195 Burton-Christie, Douglas: The Gift of Tears: Loss, Mourning and the Work of Ecological Restoration, in: Worldviews: Global Religions, Culture, and Ecology 15, 1 (2011), S. 29-46, hier: S. 29.

196 Comtesse, Hannah u. a. 2021, S. 6, siehe Endnote 39.

197 Ágoston, Csilla u. a.: Identifying Types of Eco-Anxiety, Eco-Guilt, Eco-Grief, and Eco-Coping in a Climate-Sensitive Population: A Qualitative Study, in: Int. J. Environ. Res. Public Health 2022, 19, 4 (2022), S. 2.

198 Cunsolo, Ashlee et. al.: Ecological grief as a mental health response to climate change-related loss, in: Nature Climate Change 8, 4 (2018), S. 275-281, hier: S. 275.

199 Dohm, Lea; Schulze Mareike 2022, S. 125, siehe Endnote 194.

200 Comtesse, Hannah u. a. 2021, S. 6, siehe Endnote 39.

201 Psychologists for Future (Hg.): Beratung, auf: www.psy4f.org (zuletzt aufgerufen 24.10.2023).

202 tagesschau (Hg.): Exxon, Shell, BP, Total. Rekordgewinne bei Ölfirmen, auf: www.tagesschau.de (09.02.2023).

203 Herpich, Philipp u. a.: Gasknappheit: Auswirkungen auf die Auslastung der Braunkohlekraftwerke und den Erhalt von Lützerath, Berlin 2022, S. 2.

204 Reyher, Martin: 90.000 Euro von RWE: Wie abgeordnetenwatch.de-Recherchen einen Politiker in Erklärungsnot bringen, auf: www.abgeordnetenwatch.de (15.02.2017).

205 Bundesministerium der Justiz (Hg.): Grundgesetz für die Bundesrepublik Deutschland Art 20a, auf: www.gesetze-im-internet.de (zuletzt aufgerufen 24.10.2023).

206 Dohm, Lea; Schulze Mareike 2022, S. 90, siehe Endnote 194.

207 ebenda, S. 101.

208 ebenda, S. 177.

209 Netzwerk Klimajournalismus Deutschland (Hg.): Über, auf: www.klimajournalismus.de (zuletzt aufgerufen 24.10.2023).

210 Bundesministerium für Wirtschaft und Klimaschutz (Hg.): Grüne Start-ups sind stark im Kommen, auf: www.exist.de (21.03.2022).

MYTHEN

211 Heinrich Böll Stiftung (Hg.): Direct Air Capture (DAC), Berlin 2021, S. 4.

212 Sachverständigenrat für Umweltfragen (Hg.): Wie viel CO2 darf Deutschland maximal noch ausstoßen? Fragen und Antworten zum CO2-Budget, Berlin 2022, S. 17.

213 IPCC (Hg.) 2022, S. 24, siehe Endnote 98.

214 Umweltbundesamt (Hg.): IPCC-Bericht: Sofortige globale Trendwende nötig, auf: www.umweltbundesamt.de (13.05.2022).

215 Climeworks (Hg.): Landingpage, auf: www.climeworks.com (zuletzt aufgerufen 08.11.2023).

216 Carbon Engineering (Hg.): Landingpage, auf: www.carbonengineering.com (zuletzt aufgerufen 08.11.2023).

217 Institut für Demoskopie Allensbach (Hg.): Deutschland – ein polarisiertes Land?, Allensbach 2022, S. 1.

218 Hradil, Stefan u. a.: Gespaltene Gesellschaft? Hintergründe, Mythen und Fakten, München 2022, S. 19.

219 Stiftung Mercator (Hg.): Polarisierung in Deutschland und Europa. Eine Studie zu gesellschaftlichen Spaltungstendenzen in zehn europäischen Ländern, Dresden 2023, S. 2.

220 Teney, Céline ; Rupieper, Li Kathrin: A New Social Conflict on Globalisation-Related Issues in Germany? A Longitudinal Perspective, Köln 2023, S. 23.

221 Salzburger Nachrichten (Hg.): Kurz will Klimawandel ohne Verzicht bekämpfen: »Kein Weg zurück in die Steinzeit«, auf: www.sn.at (22.07.2021).

222 Kalkuhl, Matthias; Wenz, Leonie: The impact of climate conditions on economic production. Evidence from a global panel of regions, in: Journal of Environmental Economics and Management 103 (2020) S. 18.

223 Stern, Nicholas 2006, S. 35, siehe Endnote 99.

224 Parrique, T.; Barth, J.; Briens, F.; Kerschner, C.; Kraus-Polk, A.; Kuokkanen, A.; Spangenberg, J.H.: Decoupling Debunked. Evidence and arguments against green growth as a sole strategy for sustainability, auf: www.eeb.org (2019), S. 3.

225 ZEIT ONLINE (Hg.): Postwachstumsökonomie. Schluss mit WachstumWachstumWachstum, auf: www.zeit.de (17.09.2018).

226 Bundeszentrale für politische Bildung (Hg.): Bruttoinlandsglück - Auf der Suche nach qualitativer Entwicklung, auf: www.bpd.de (04.03.2010).

227 Helliwell, John F. u. a.: World Happiness Report 2023, auf: www.worldhappiness.report (2023), S. 19.

228 Pallinger, Jakob: Ulrich Brand: »Vorstellungen von Wohlstand werden sich verändern müssen«, auf: www.derstandard.de (18.07.2022).

229 Climate Change 2022. Impacts, Adaptation and Vulnerability. Contribution of Working Group II to the Sixth Assessment Report of the Intergovernmental Panel on Climate Change. Cambridge, New York 2022, S.1.518.

230 Stern, Nicholas 2006, S. 211, siehe Endnote 99.

231 Stern, Nicholas: A Time for Action on Climate Change and a Time for Change in Economics, in: The Economic Journal 132, 644 (2022), S. 1.259-1.289, hier: S. 1.272.

232 Umweltbundesamt (Hg.): Indikator. Umweltkosten von Energie und Straßenverkehr, auf: www.umweltbundesamt.de (10.08.2023).

233 Flaute, Markus u. a.: Volkswirtschaftliche Folgekosten durch Klimawandel: Szenarioanalyse bis 2050, Osnabrück 2022, S. 82.

234 Bundesministerium für Wirtschaft und Klimaschutz (Hg.): Klimafolgekosten: Mehr als direkte Schäden, Berlin 2023, S. 3.

235 Crippa, M. u. a.: CO2 emissions of all world countries 2023 report. GHG total emissions, auf: edgar.jrc.ec.europa.eu (zuletzt aufgerufen 25.01.2024).

236 Crippa, M. u. a.: CO2 emissions of all world countries 2023 report. GHG per capita emissions, auf: edgar.jrc.ec.europa.eu (zuletzt aufgerufen 25.01.2024).

237 Our World in Data (Hg.): Cumulative CO2 emissions, auf: www.ourworldindata.org (zuletzt aufgerufen 25.01.2024).

238 Crippa, M. u.a.: JRC Science for Policy Report. GHG Emission of all World Countries, Luxemburg 2023, S.83.

239 Crippa, M. u. a. 2023, siehe Endnote 235.

240 Sachverständigenrat für Umweltfragen (Hg.:): Wie viel CO2 darf Deutschland maximal noch ausstoßen? Fragen und Antworten zum CO2-Budget, auf: www.umweltrat.de (15.06.2022).

241 Bundesverfassungsgericht (Hg.): Leitsätze zum Beschluss des Ersten Senats vom 24. März 2021, Karlsruhe 2021, S. 1.

242 Rueter, Gero: Was ist dran an der Windkraft-Kritik? auf: www.dw.com (19.12.2021).

243 Brisant (Hg.): Streitpunkt Windkraftanlagen - ist Windenergie besser als ihr Ruf?, auf: www.brisant.de (19.10.2023).

244 Loss, Scott R. et al: The impact of free-ranging domestic cats on wildlife of the United States, in: Nature Communications 4, 1396 (2013), S. 2.

245 Weidel, Alice: +++ Im Bewusstsein für all die in den Rotorblättern umgekommenen Vögel und die über 1200 Milliarden getöteten Insekten jährlich! +++ Die Rotorblätter der über 30.000 Windräder in Deutschland sind die wahren Killer der Lüfte, auf: www.twitter.com (07.06.2019).

246 Bakir, Daniel: »Sie töten alle Vögel«: Trump schimpft auf deutsche Windräder, auf: www.stern.de (24.11.2016).

247 Lobbypedia (Hg.): Bundesinitiative Vernunftkraft, auf: www.lobbypedia.de (zuletzt aufgerufen 26.10.2023).

248 Correctiv (Hg.): Die Heartland Lobby, auf: www.correctiv.org (04.02.2020).

249 Gauld, Jethro G. u. a.: Hotspots in the grid: Avian sensitivity and vulnerability to collision risk from energy infrastructure interactions in Europe and North Africa, in: Journal of Applied Ecology 59, 6 (2022), S. 7.

250 Dubois, Ghislain u. a.: It starts at home? Climate policies targeting household consumption and behavioral decisions are key to low-carbon futures, in: Energy Research & Social Science 52 (2019), S. 144-158, hier: S. 145.

251 Heede, Richard: Tracing anthropogenic carbon dioxide and methane emissions to fossil fuel and cement producers, 1854-2010, in: Climatic Change, 122 (2013), S. 229-241, hier: S. 234.

252 Huter, Mathias u. a.: Revolving Doors and the Fossil Fuel Industry. Time to tackle Conflicts of Interest in Climate Policy Making, Brüssel 2018, S. 72.

253 Deutsche Welle (Hg.): Der CO2-Fußabdruck und die PR der Ölkonzerne, auf: www.dw.com (01.11.2021).

254 Lambrecht, Oda; Baars, Christian 2023, siehe Endnote 104.

WANDEL

255 Umweltbundesamt (Hg.): Treibhausgas-Emissionen in Deutschland, auf: www.umweltbundesamt.de (11.04.2023).

256 Umweltbundesamt (Hg.): Emissionsquellen, auf: www.umweltbundesamt.de (05.07.2021).

257 Umweltbundesamt (Hg.) 2024, siehe Endnote 68.

258 Climatewatch (Hg.): Historical GHG Emissions, auf: climaatewatchdata.org (zuletzt aufgerufen 23.10.2023).

259 Umweltbundesamt (Hg.) 2024, siehe Endnote 68.

260 Our World in Data (Hg.): Emissions by Sector, auf: www.ourworldindata.org (zuletzt aufgerufen 08.11.2023).

261 Hegenberg, Jan: Weltuntergang fällt aus! Warum die Wende der Klimakrise viel einfacher ist, als die meisten denken, und was jetzt zu tun ist, München 2022, S. 71 f.

262 International Energy Agency (Hg.): CO2 Emissions in 2022, auf: www.iea.org (2023), S. 3.

263 Hans Böckler Stiftung (Hg.): Branchenanalyse Windindustrie. Perspektiven vor dem Hintergrund von Globalisierung, Energiewende und Digitalisierung, Düsseldorf 2023, S. 21.

264 Kwasniewski, Nicolai: Netzwerk mit Unterstützung der Industrie. Die Anti-Windkraft-Bewegung, auf: www.spiegel.de (11.02.2021)

265 Human Right Watch (Hg.): Fragen und Antworten zur Subventionierung fossiler Brennstoffe, auf: www.hrw.org (07.07.2021).

266 Schmidt u. a.: The Social Acceptance of Airborne Wind Energy: A Literature Review, in: Energies 15, 4 (2022), S. 1.384.

267 Schmaus, Matthias u. a.: Umweltwirkung eines Tempolimits auf Autobahnen und Außerortsstraßen. Ergebnisse aus dem Forschungsvorhaben »Flüssiger Verkehr für Klimaschutz und Luftreinhaltung«, Dessau-Roßlau 2023, S. 4.

268 Gössling, Stefan u. a.: The economic cost of a 130 kph speed limit in Germany, in: Ecological Economics 209 (2023), S. 7.

269 Umweltbundesamt (Hg.): Klimaschutzinstrumente im Verkehr Damit das Recht dem Klimaschutz nicht im Weg steht - Vorschläge zur Beseitigung von Hemmnissen im Straßenverkehrsrecht, auf: www.umweltbundesamt.de (26.10. 2021).

270 Söder, Markus: Millionen Menschen sind auf ihr Auto angewiesen. Deshalb braucht es auch die Erhöhung der Pendlerpauschale. Dazu kommt eine Senkung der Stromsteuer, Einführung eines Industriestrompreises und eine Verdopplung des Heizkostenzuschusses. Und das nicht irgendwann, sondern jetzt, auf: www.twitter.com (15.03.2022).

271 Clark, Micheal A. u. a.: Global food system emissions could preclude achieving the 1.5° and 2°C climate change targets, in: Science Vol 370, 6517 (2020), S. 1.

272 Crippa, M. u. a.: Food systems are responsible for a third of global anthropogenic GHG emissions, in: Nature Food 2 (2021), S. 198-209, hier: S. 198.

273 PWC: The Sustainable Food Revolution: Future-proofing the world's food supply, auf: www.strategyand.pwc.com (zuletzt aufgerufen 23.10.2023).

274 Xu, Xiaoming u. a.: Global greenhouse gas emissions from animal-based foods are twice those of plant-based foods, in: Nature Food 2 (2021), S. 724-732, hier: S. 724.

275 Heinrich-Böll-Stiftung; Bund für Umwelt und Naturschutz Deutschland; Le Monde Diplomatique (Hg.) 2021, S. 22.

276 Eisen, Michael; Brown, Patrick O.: Rapid global phaseout of animal agriculture has the potential to stabilize greenhouse gas levels for 30 years and offset 68 percent of CO2 emissions this century, in: PLOS Climate 1 (2022), S. 7.

277 EAT-Lancet Commission (Hg.): Healthy Diets From Sustainable Food Systems. Food Planet Health, Oslo 2019, S. 12.

278 Our World in Data (Hg.): Transport's share of global greenhouse gas emissions from food, auf: www.ourworldindata.org (zuletzt aufgerufen 08.11.2023).

279 Li, Mengyu u. a.: Global food-miles account for nearly 20% of total food-systems emissions, in: Nature Food 3 (2022), S. 445-453, hier: S. 445.

280 Carbon Disclosure Project (Hg.): The Carbon Majors Database. CDP Carbon Majors Report 2017, London 2017, S. 8.

281 ZDF (Hg.): Negativpreis. Shell mit »Goldenem Geier« ausgezeichnet, auf: www.zdf.de (21.09.2022).

282 Elton, Charlotte: Shell, BP, Exxon. Seized emails reveal ›deceptive‹ climate tactics and greenwashing, auf: www.euronews.com (23.09.2022).

283 Carbon Disclosure Project (Hg.): CDP Technical Note. Relevance of Scope 3 Categories by Sector, London 2023, S. 6.

284 Purpose Stiftung (Hg.): Verantwortungseigentum. Unternehmenseigentum für das 21. Jahrhundert, Hamburg 2017, S. 9.

285 Bundesverband für Nachhaltige Wirtschaft (Hg.): Suffizienz in Unternehmen – eine Frage des Wollens und des Sollens, auf: www.bnw-bundesverband.de, (17.02.2023).

286 Deloitte (Hg.): New fundamentals for a boundaryless world. 2023 Global Human Capital Trends Report, London 2023, S. 6.

287 IPCC (Hg.): Change 2022. Mitigation of Climate Change. Contribution of Working Group III to the Sixth Assessment Report of the Intergovernmental Panel on Climate Change. Cambridge, New York 2022, S. 361.

288 Schieritz, Mark: Wir sollten nicht mehr über Wachstum reden, auf: www.zeit.de (01.02.2023).

289 Schiffer, Dorian: Umweltökonom: »Ich glaube nicht an grünes Wachstum«, auf: www.derstandard.de (16.07.2023).

290 IPCC (Hg.) 2022, S.33, siehe Endnote 114.

291 IPCC (Hg.): Climate change: a threat to human wellbeing and health of the planet. Taking action now can secure our future, auf: www.ipcc.ch (28.02.2022).

292 OECD (Hg.): Aggregate Trends of Climate Finance Provided and Mobilised by Developed Countries in 2013-2020, Paris 2022, S. 6.

293 UNEP (Hg.): Adaptation Gap Report 2023, Nairobi 2023, S. 30.

294 Bundesministerium für wirtschaftliche Zusammenarbeit und Entwicklung (Hg.): Positionspapier. Nachhaltige Stadtentwicklung, Berlin, Bonn 2023, S. 5.

295 May, Stefan: Green Gentrification. Verdrängung in klimafreundlichen Quartieren, auf: www.deutschlandfunkkultur.de (22.11.2022).

296 MDR (Hg.): Uniprojekt »Klimatopia«: Wie Halle beim Klimaschutz Vorbild für ganz Deutschland sein könnte, auf: www.mdr.de (17.07.2022).

297 Winkler, Karina u. a.: Global land use changes are four times greater than previously estimated, in: Nature Communications 12, 2501 (2021), S. 2.

298 UN (Hg.): Preventing, halting and reversing loss of nature, auf: www.decadeonrestoration.org (zuletzt aufgerufen 20.10.2023).

299 NABU (Hg.): Biodiversität wiederherstellen, Klimaneutralität erreichen. Potenzialräume für die Renaturierung von Ökosystemen in Deutschland, Berlin 2021, S. 43.

300 Heinrich-Böll-Stiftung; Bund für Umwelt und Naturschutz Deutschland; der Michael Succow Stiftung (Hg.) 2023, S. 8.

301 Strassburg, Bernando B. N. u. a.: Global priority areas for ecosystem restoration, in: Nature 586, 7831 (2020), S. 724-729, hier: S. 724.

302 IPCC (Hg.): Climate change: a threat to human wellbeing and health of the planet. Taking action now can secure our future, auf: www.ipcc.ch (28.02.2022).

303 ZDF (Hg.): Ein Jahr nach Ahrtal-Desaster: So soll der Katastrophenschutz besser werden, auf: www.zdf.de (13.07.2022).

304 Brändle, Stefan: Neue Massnahmen, Hitzewelle lässt Frankreich an die tödliche »canicule« von 2003 denken, auf: www.derstandard.de (19.07.2022).

305 tagesschau (Hg.): Audio. Plan Canicule - Wie funktioniert Frankreichs Hitze-Plan?, auf: www.tagesschau.de (19.07.2022).

306 Bundesärztekammer (Hg.): Gesundheitswesen auf Hitzewellen nicht vorbereitet, auf: www.bundesaerztekammer.de (21.10.2022).

307 Bundesministerium für Gesundheit (Hg.): Hitzeschutzplan für Gesundheit des BMG, auf: www.bundesgesundheitsministerium.de (27.07.2023).

308 Grech, Shaun: Disability Inclusive Disaster Risk Reduction (DIDRR): Critical Insights and Good Practices from the Field, Kapstadt 2022, S. 9-10.

309 Rockström, Johann u. a.: Shaping a resilient future in response to COVID-19, in: Nature Sustainability 6 (2023), S. 897-907, hier: S. 905.

310 Carmen, Ester u. a.: Building community resilience in a context of climate change: The role of social capital, in: AMBIO A Journal of the Human Environment 51 (2022), S. 1.371-1.387, hier: S. 1.371.

311 Rockström, Johann u. a. 2023, S. 901 f., siehe Endnote 309.

312 Beerlage, Irmtraud: Resilienz von Gemeinschaften, Städten und Gemeinwesen/Community Resilience. 1 Hintergründe, Verständnis und Modelle, auf: www.leitbegriffe.bzga.de (zuletzt aufgerufen 08.11.2023).

313 IPCC (Hg.) 2022, S. 5-7, siehe Endnote 114.

314 Australian Institute for Disaster Resilience (Hg.): Handbook Collection. Community Recovery Handbook, auf: knowledge.aidr.org.au (zuletzt aufgerufen 07.23.2023).

315 Park, Hyung-Joo; Shin, Yerim; Le, Soo-Bi: Relationship Between Community Resilience and Quality of Life of Disaster-Affected People: Reinforcement Effects of the Perception of Government Relief Services in South Korea, in: Disaster Med Public Health Prep 17 (2023), S. 1.

316 Forschungsgruppe Wahlen (Hg.): Politbarometer. Forschungsgruppe Wahlen, auf: www.forschungsgruppe.de (zuletzt aufgerufen 28.07.2023).

317 Ehni, Ellen: ARD-DeutschlandTrend: DFB verliert an Sympathie, auf: www.tagesschau.de (01.12.2022).

318 Deutschlandfunk (Hg.): Aktionen auf Flughäfen: Kritik an Blockadeaktionen der »Letzten Generation« – Flugverkehr läuft wieder, auf: www.deutschlandfunk.de (13.07.2023).

319 Mölter, Joachim: Protest der »Letzten Generation«. Klimaaktivisten stören den Betrieb am Münchner Flughafen, auf: www.sueddeutsche.de (08.12.2022).

320 Kolvenbach, Marcel; Schader, Nick; Schwartz, Kolja: Umfrage zu Klimapotesten. Deutsche lehnen Straßenblockaden mehrheitlich ab, auf: www.tagesschau.de (26.06.2023).

321 nachhaltig.kritisch-Podcast: Muss Klimaprotest die Gesellschaft abholen?, auf: www.nachhaltigkritisch.de (18.12.2022).

322 Kolvenbach, Marcel; Schader, Nick; Schwartz, Kolja 2023, siehe Endnote 320.

323 Göllert, Lisa: Umfrage. Klimaschutz ja, radikaler Protest nein, auf: www.ndr.de (19.01.2023).

324 ZEIT ONLINE (Hg.): Umfrage. Große Ablehnung für Methoden der Letzten Generation, auf: www.zeit.de (13.05.2023).

325 Engels, Anita; Jochem Marotzke; Eduardo Gonçalves Gresse; Andrés López-Rivera; Anna Pagnone; Jan Wilkens u. a.: Hamburg Climate Futures Outlook: The plausibility of a 1.5°C limit to global warming - social drivers and physical processes, Hamburg 2023, S. 70-71.

326 Iacopini, Iacopo u. a.: Group interactions modulate critical mass dynamics in social convention, in: Communication Physics, 5, 64 (2022), S. 2.

327 Otto, Ilona M.; Donges, Jonathan F. u. a.: Social tipping dynamics for stabilizing Earth's climate by 2050, in: PNAS 117, 5 (2020), S. 2.354-2.365, hier: S. 2.358.

GRAFIKQUELLEN

S. 51 CC BY 4.0: International Energy Agency, IEA 2023; CO2 Emissions in 2022, https://www.iea.org/reports/co2-emissions-in-2022, Lizenz: https://creativecommons.org/licenses/by/4.0/

S. 57 CC BY 4.0: #showyourbudgets; Pfade zu Netto-Null-Emissionen für versch. CO2-Budgets – Ganze Welt, https://www.showyourbudgets.org/de/?country=whole_world, Lizenz: https://creativecommons.org/licenses/by/4.0/

S. 74f CC BY 4.0: World Inequality Database; https://wid.world/country/germany/, Lizenz: https://creativecommons.org/licenses/by/4.0/

S. 145 CC BY 4.0: Our World in Data 2023; Cumulative CO_2 emissions, https://ourworldindata.org/grapher/cumulative-co-emissions, Lizenz: https://creativecommons.org/licenses/by/4.0/

S. 157 Umweltbundesamt; Nationale Treibhausgas-Inventare 1990 bis 2021 (Stand 03/2023), für 2022 vorläufige Daten (Stand 15.03.2023),

S. 166 https://www.nature.com/articles/s43016-021-00358-x
Global greenhouse gas emissions from animal-based foods are twice those of plant-based foods

INHALT